职业教育建筑类专业"互联网+"创新教材

装配式混凝土结构施工技术

主　编　汤建新　马跃强
副主编　孙　丽　郭艳坤
参　编　成　炜　葛小川　宋振庭

机械工业出版社

装配式建筑改变了传统的制造模式，通过标准化设计、工业化生产、机械化施工和信息化管理，提高了建筑质量、劳动效率，降低了生产成本和能源消耗，实现"两提两减"目标。实现建筑工业化，推进装配式建筑，已成为国家发展战略。

本书依托"产、学、研"合作平台，组织行业内高校、企业、科研机构等多家单位，经过大量细致调研、深入分析和系统梳理，结合工程具体实践，从装配式混凝土结构体系、预制构件生产、吊安装施工和质量安全管理等方面介绍装配式混凝土结构施工的技术管理要点。本书共分为10个项目，分别为：装配式混凝土结构基础知识、预制混凝土构件的生产和制作、预制构件的运输与堆放、预制混凝土构件的吊装作业、预制剪力墙结构装配施工、预制框架结构装配施工、装配式混凝土结构质量控制、装配式混凝土结构安全施工、装配式混凝土结构资料与验收和装配式混凝土结构信息化施工。

本书适合作为职业院校建筑工程、工程造价等土木工程类专业教材，也可作为从事建筑工程的现场施工技术人员的中级培训教材。

为方便教学，本书配有电子课件，凡使用本书作为教材的教师可登录机械工业出版社教育服务网 www.cmpedu.com 注册下载。咨询电话：010-88379934。

图书在版编目（CIP）数据

装配式混凝土结构施工技术/汤建新，马跃强主编 .—北京：机械工业出版社，2021.6（2024.7重印）
职业教育建筑类专业"互联网+"创新教材
ISBN 978-7-111-68412-1

Ⅰ.①装… Ⅱ.①汤…②马… Ⅲ.①装配式混凝土结构—混凝土施工—职业教育—教材 Ⅳ.①TU755

中国版本图书馆 CIP 数据核字（2021）第 107852 号

机械工业出版社（北京市百万庄大街 22 号 邮政编码 100037）
策划编辑：王莹莹 责任编辑：王莹莹 沈百琦
责任校对：王 延 责任印制：单爱军
北京虎彩文化传播有限公司印刷
2024 年 7 月第 1 版第 5 次印刷
210mm×285mm・9.25 印张・273 千字
标准书号：ISBN 978-7-111-68412-1
定价：45.00 元

电话服务　　　　　　　　　　网络服务
客服电话：010-88361066　　机 工 官 网：www.cmpbook.com
　　　　　010-88379833　　机 工 官 博：weibo.com/cmp1952
　　　　　010-68326294　　金 书 网：www.golden-book.com
封底无防伪标均为盗版　　机工教育服务网：www.cmpedu.com

 **前 言**

随着社会工业化、信息化进程的加快，中国经济的持续发展，未来社会对建筑产品建造将会朝着高品质、少污染、可持续的规模化方向发展。与传统建筑相比，装配式建筑改变了传统的制造模式，通过标准化设计、工业化生产、装配化施工与信息化管理，保证建筑品质，减轻劳动强度，降低生产成本，减少环境污染，推进建筑业行业的技术升级。

装配整体式混凝土建筑施工技术是建筑工程技术类专业一门重要专业课程，其功能是使学生掌握装配式混凝土建筑施工技术、安全技术和质量验收等施工现场专业人员必需的专业知识和职业技能，也是学习建筑工程计量与计价、钢筋翻样与加工、建筑工程安全管理等后续专业课程的基础。

本书内容的组织以建筑工程项目中实施装配式混凝土建筑构件制作、施工准备、吊安装与管理为主线，以工程项目为引领，通过工作任务整合专业知识、职业技能与素养；采用由简到繁逐步递进的学习任务安排，有利于学生循序渐进地提升装配式混凝土建筑施工的现场管理执行能力。

主要特色：

1. 本书通过校企双元合作，组织行业内职业院校、企业、科研机构等多家单位倾力打造，经过大量细致调研，收集大量国内最新装配式混凝土建筑施工技术资料，深入分析和系统梳理，结合工程具体实践，经过职业能力与学习任务分析，由上海市大型建筑施工企业专家、骨干技术人员和职业院校资深教师共同编写而成。本书体现了行业技术的先进性和职业教育专业教学的适用性。

2. 本书亦对接"1+X"证书制度"装配式建筑构件制作与安装职业技能等级标准"，体现"书证融合"。

3. 本书内容兼顾知识系统性和技能实用性，简明扼要。本书采用彩色印刷，图文结合，附有大量工程图片，易读易懂。同时，本书配套制作了教学课件及微课视频等学习资源，资料翔实、技术先进，读者可通过扫描二维码进行微课视频的学习。

本书由上海市城市建设工程学校（上海市园林学校）组编，由上海市城市建设工程学校（上海市园林学校）高级讲师（一级注册结构工程师）汤建新、上海建工二建集团副总工程师（正高级工程师）马跃强担任主编，由上海市城市建设工程学校（上海市园林学校）讲师孙丽、郑州工程技术学院讲师郭艳坤担任副主编，参编人员还有上海建工二建集团成炜、河南省省直建筑设计有限公司葛小川、河南建筑职业技术学院宋振庭。

本书编写过程中汇总、依托了现行国家、地方的标准、规范和政策文件，引用了相关企业技术方案、工程案例等资料。特别感谢上海市城市建设工程学校（上海市园林学校）、上海建工二建集团、上海维启信息技术有限公司等单位在编写过程中提供的大力支持。

由于编者水平有限，书中难免存在一些不足之处，敬请广大读者批评指正，以便不断修正与更新。

编　者

本书微课视频清单

名称	图形	名称	图形
01 装配式混凝土结构概述		09 预制构件吊装作业（二）	
02 装配式混凝土结构基础知识		10 预制剪力墙结构装配施工	
03 预制混凝土构件生产和制作（一）		11 套筒灌浆施工	
04 预制混凝土构件生产和制作（二）		12 预制框架结构装配施工	
05 预制混凝土构件运输和堆放		13 装配式混凝土结构质量控制（一）	
06 吊装机具的种类与选用		14 装配式混凝土结构质量控制（二）	
07 吊装准备工作		15 装配式混凝土结构质量控制（三）	
08 预制构件吊装作业（一）		16 装配式混凝土结构安全施工	

目 录

前言

本书微课视频清单

项目一 装配式混凝土结构基础知识 ……………………………………………… 1

    任务1 装配式混凝土结构的概述 …………………………………………… 2

    任务2 装配式混凝土结构的体系 …………………………………………… 10

    任务3 装配式混凝土结构的关键技术 ……………………………………… 13

项目二 预制混凝土构件的生产和制作 ………………………………………… 18

    任务1 预制构件生产线类型 ………………………………………………… 18

    任务2 预制构件模具设计与制作 …………………………………………… 21

    任务3 预制构件制作与成型 ………………………………………………… 25

    任务4 预制构件驳运与存放 ………………………………………………… 29

项目三 预制构件的运输与堆放 ………………………………………………… 31

    任务1 预制构件运输与道路布置 …………………………………………… 31

    任务2 预制构件的现场堆放要求 …………………………………………… 34

    任务3 顶板加固方式 ………………………………………………………… 36

项目四 预制混凝土构件的吊装作业 …………………………………………… 38

    任务1 起重机械与吊装机具 ………………………………………………… 38

    任务2 吊装准备 ……………………………………………………………… 45

    任务3 吊装作业 ……………………………………………………………… 48

项目五 预制剪力墙结构装配施工 ……………………………………………… 56

    任务1 剪力墙结构中的预制构件 …………………………………………… 56

    任务2 预制构件装配作业 …………………………………………………… 62

    任务3 剪力墙套筒灌浆施工 ………………………………………………… 70

    任务4 预制外墙打胶施工 …………………………………………………… 81

    任务5 案例分析 ……………………………………………………………… 86

项目六　预制框架结构装配施工 ··· 91

　　任务1　常用预制框架的构件类型 ·· 91

　　任务2　预制框架构件装配作业 ··· 94

　　任务3　框架结构套筒灌浆施工 ··· 99

　　任务4　案例分析 ··· 101

项目七　装配式混凝土结构质量控制 ·· 104

　　任务1　预制构件生产质量控制 ·· 104

　　任务2　预制构件运输堆放质量控制 ··· 109

　　任务3　预制混凝土构件的进场检查 ··· 111

　　任务4　装配式混凝土结构质量验收 ··· 116

项目八　装配式混凝土结构安全施工 ·· 121

　　任务1　预制构件运输堆放安全措施 ··· 121

　　任务2　起重机械设施安全管理 ·· 123

　　任务3　预制构件吊安装安全措施 ··· 126

项目九　装配式混凝土结构资料与验收 ··· 129

　　任务1　建筑施工技术资料管理 ·· 129

　　任务2　预制装配式建筑施工资料管理 ··· 131

项目十　装配式混凝土结构信息化施工 ··· 136

　　任务1　预制构件在生产阶段的信息化应用 ··· 136

　　任务2　预制构件在施工阶段的信息化应用 ··· 137

参考文献 ·· 141

项目一
装配式混凝土结构基础知识

项目概述

建筑业作为国民经济的支柱产业，总产值已达到 GDP 的 20% 以上，然而建筑能耗占国家全部能耗的 32%，是最大单项能耗行业。要扭转建筑业高能耗、高污染、低产出的状况，必须通过技术创新，走新型建筑工业化的发展道路，从而在国民经济和社会快速发展的大环境中，保持蓬勃的生机。与传统建筑相比，装配式建筑就是改变传统的制造模式，通过标准化设计、工业化生产、机械化施工安装和信息化管理（图 1-1 和图 1-2），提高建筑质量、劳动效率，降低生产成本、能源消耗，从而实现"两提两减"目标。

图 1-1　标准化设计与工业化生产

图 1-2　机械化施工安装与信息化管理

发展装配式建筑势在必行，主要有四个方面的原因：一是中国建筑业从高速增长转向高质量发展，要满足人民对美好生活的需要，建筑产品本身的质量必须提档升级；二是劳动力资源日趋紧张，必须尽快降低人工需求，减少工地现场用工量；三是政府对节能减排、降低材料消耗的绿色建造要求越来越高；四是互联网、物联网、人工智能和装配式建筑的快速发展。

根据 2017 年 2 月《国务院办公厅关于促进建筑业持续健康发展的意见》要求，要坚持标准化设计、工厂化生产、装配化施工、一体化装修、信息化管理、智能化应用，推动建造方式创新，大力发展装配式混凝土和钢结构建筑。力争用 10 年左右的时间，使装配式建筑占新建建筑面积的比例达到 30%。上海市装配式建筑推进工作起步较早，从 2016 年起，符合条件的新建民用、工业建筑应全部按装配式建筑要求实施，建筑单体预制率不应低于 40% 或单体装配率不低于 60%。2017 年起，外环线以内和崇明岛地区新建商品住宅全面实施全装修，外环线外新建住宅全装修比例需达到 50%，奉贤、金山地区达到 30%（2020 年逐步达到 50%），公租房、廉租房全面实施全装修。2018 年土地出让环节共落实装配式建筑 2291m²，累计落实超过 6758 万 m²，截至 2019 年 7 月底，上海市土地出让阶段落实装配式建筑约 911.5 万 m²，累计落实 7669.5 万 m²，如图 1-3 所示。

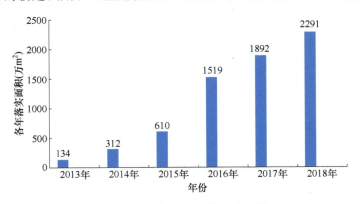

图 1-3　上海市装配式建筑各年发展情况

 **项目目标**

通过本项目的学习，要求能够说出装配式混凝土结构的概念、特点及其分类。结合工程实例介绍装配式混凝土结构分类及其特点、难点，预制围护墙板分类及其特点、难点，预制构件竖向连接典型构造，预制围护墙板与主体结构连接典型构造，预制夹心墙板连接件种类与特点等。

任务 1　装配式混凝土结构的概述

 **任务目标**

1. 能说出国内外装配式建筑技术体系的形式与特点。
2. 能描述装配式混凝土结构的概念与特点。

知识链接

装配式混凝土
结构概述

一、国内外装配式建筑发展现状

1. 国外主要装配式建筑技术体系

（1）美国　在美国，大城市的装配式住宅以装配式混凝土结构和钢结构为主，小城镇则以轻钢结构和木结构为主。美国住宅用构件和产品的标准化、商品化程度很高，用户可以通过产品目录买到需要的产品。

经过近一个世纪的发展，美国装配式建筑产业已经建立了完善的专业化、标准化、模块化、通用化技术体系，并在近年来发掘和推行可持续环保与低碳节能的绿色装配技术，其发展的新型技术体系有：ACSTC（干连接装配混凝土结构技术）体系、DBS 多层轻钢结构住宅体系、Conxtech 钢框架技术体系和 Modu-larize 模块化技术体系（图 1-4）等。

（2）德国　德国以及其他欧洲发达国家建筑工业化起源于 20 世纪 20 年代，推动因素主要有两方面：①社会经济因素。城市化发展需要以较低的造价迅速建设大量住宅、办公和厂房等建筑。②建筑审美因素。建筑及设计界摒弃古典建筑形式及其复杂的装饰，崇尚极简的新型建筑美学。在雅典宪章所推崇的城市功能

图 1-4　Modu-larize 模块化技术体系

分区思想指导下，建设大规模居住区，促进了建筑工业化的应用。随着欧洲国家迈入工业化和城市化进程，农村人口大量流向城市，需要在较短时间内建造大量住宅办公和厂房等建筑。标准化、预制混凝土大板建造技术能够缩短建造时间、降低造价，因而应运而生。

德国主要采用双皮墙、T 梁、双 T 板、预应力空心楼板、叠合板等结构，其中双皮墙（叠合墙）是德国首创和应用较广泛的构件形式，如图 1-5 所示。在德国，双皮墙拥有先进的全自动生产流水线，生产效率和标准化率高。德国在装饰混凝土构件上也有独特的技术，如造型模板体系、混凝土饰面露骨料装饰体系和混凝土饰面保护体系等，如图 1-6 所示，其在结构与装饰一体化领域不断研发和创新。

图 1-5　双皮墙与双 T 板体系

图 1-6　装饰混凝土外墙板

（3）法国　法国是世界上推行装配式建筑最早的国家。法国的装配式建筑特点是以预制混凝土结构为主，钢结构、木结构为辅。法国独创的装配整体式混凝土结构体系为世构体系（键槽式预制预应力混凝土装配整体式框架结构体系，简称 SCOPE），它是一种预制预应力混凝土装配整体式框架结构体系，主要预制构件包括预应力叠合梁、叠合板和预制柱等，如图 1-7 所示。世构体系的主要特点在于其节点构造方式，包括键槽、U 型筋和现浇混凝土。世构体系已应用到《预制预应力混凝土装配整体式框架结构技术规程》（JGJ 224—2010）中。我国南京大地建设集团在南京的 300 万 m^2 保障房、住宅项目上已经应用了这一技术。

 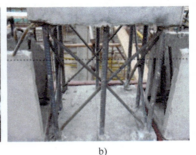

图 1-7　世构体系

a）多段预制柱　b）梁柱节点

（4）日本　日本是多震国家，其装配式混凝土结构建筑都表现出了很好的抗震性能。日本的主要预制构件特点有：外墙板主要采用夹心墙；楼板以预应力空心板为主，以预应力平板组合楼板和预应力小梁加空心砌块组合楼板为辅；卫生间整体预制；预制柱采用套筒连接。

此外，日本的装配式建筑以框架结构为主（图 1-8），高层建筑多辅以隔震层和减震构件等措施，住宅体系中推动以骨架体长寿命化和填充体可变化为特点的 SI（Skeleton Infill）住宅的研究与应用。日本装配式建筑采用的主要框架节点形式有：跨中对梁主筋结合，柱筋套筒连接，节点现浇的通常柱梁工法；节点区进行梁主筋结合的工法和节点预制的莲根型工法。

图 1-8　框架结构体系

（5）新加坡　新加坡大规模建造装配式建筑已经有近 20 年的历史，已开发出从 15 层到 30 层不等的装配式住宅（组屋），如图 1-9 所示，占全国总住宅数量的 80% 以上。组屋项目通过平面的布局，以部件尺寸和安装节点的重复性来实现标准化，以设计为核心和施工过程的工业化，相互之间的配套融合，使结构装配率达到 90% 以上。

常见的组屋预制构件有预制混凝土梁柱、剪力墙、预应力叠合楼板、建筑外墙、楼梯、电梯墙、防空壕、空调板、女儿墙、垃圾槽，其装配式建筑结构体系与设计已日趋完善。从近几年发展来看，新加坡大力推广使用 PPVC（厢式预制装配系统）免抹灰预制集成建筑技术、PBU 预制卫生间技术和 BIM 技术等。

图 1-9　装配式住宅

2. 国内主要装配式建筑技术体系

我国香港装配式房屋的建设经历了由"后装"工法到"先装"工法的变革。相比于后装工法，先装工法是先安装预制外墙（承重或非承重），后进行内部主体现浇，这种工法对预制构件的尺寸精度要求不高，降低了构件生产难度，而且整体式结构基本解决了防水、隔声等问题。香港装配式建筑体系的主要特点是：PC 外墙挂板+标准化定型，主要预制构件已发展至楼梯、内隔墙板、整体厨卫等，如图 1-10 所示。相对而言，香港的装配式建筑装配率较低。

图 1-10　装配式剪力墙结构体系

我国内地装配式建筑主要结构体系为装配式混凝土结构、装配式钢结构和装配式木结构，如图 1-11～图 1-13 所示，相应的国家行业规范已发布，其中装配式混凝土结构占比较大。

图 1-11　装配式混凝土结构建筑

目前，国内装配式混凝土结构的主要技术路线为"引进吸收后再创新"，其中项目实践较为成熟的有：装配式单面叠合剪力墙结构、装配整体式混凝土结构等，如图 1-14 所示。装配式单面叠合剪力墙结构主要

图 1-12　装配式钢结构建筑

图 1-13　装配式木结构建筑

包括深圳万科和远大住工的内浇外挂体系。装配整体式混凝土结构包括北京万科预制剪力墙体系、上海建工螺栓剪力墙体系、中南集团 NPC 体系、宇辉集团剪力墙体系、山东万斯达剪力墙体系和中建 MCB 体系等，如图 1-15 所示。

a)　　　　　　　　　　　　　　　　　　　b)

图 1-14　装配式混凝土结构体系

a）单面叠合剪力墙结构　b）装配整体式混凝土结构

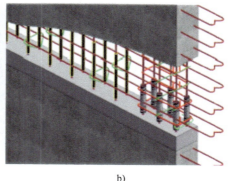

a)　　　　　　　　　　　　　　　　　　b)

图 1-15　装配整体式混凝土结构

a）上海建工螺栓剪力墙体系　b）中南集团 NPC 体系

自 2010 年以来，我国装配式技术的发展速度在逐渐增快，特别是近几年在政府相关政策的引导下，装配式技术研究呈井喷式发展，装配式混凝土结构体系研究、预制构件生产工艺、构件现场施工安装等都逐步走向成熟。

二、装配式混凝土结构的概念

根据《装配式混凝土结构技术规程》（JGJ 1—2014）的规定，装配式混凝土结构是指由预制混凝土构件通过可靠的连接方式装配而成的混凝土结构，包括装配整体式混凝土结构、全装配混凝土结构等，在建筑工程中，简称装配式建筑，在结构工程中，简称装配式结构。其中装配整体式混凝土结构是指由预制混凝土构件通过可靠的方式进行连接并与现场后浇混凝土、水泥基灌浆料形成整体的装配式混凝土结构。全装配混凝土结构是以预制构件为主要受力构件经干式连接装配而成的混凝土结构，一般为低层或抗震设防要求较低的多层建筑。构件的连接方法一般有连接部位后浇混凝土、螺栓连接等方式；钢筋连接可采用钢筋套筒灌浆连接、钢筋浆锚搭接连接、机械连接及预留孔洞搭接连接等方式。

装配式混凝土结构构件主要包含：全预制柱、全预制梁、叠合梁、全预制剪力墙、单面或双面叠合墙板、全预制剪力墙墙板、外挂墙板、预制混凝土夹心保温外墙板、预制叠合保温外墙板、全预制楼板、叠合楼板、全预制阳台板、叠合阳台板、预制飘窗、全预制空调板、全预制女儿墙、装饰柱等，如图 1-16 所示。

在装配式混凝土建筑中，预制率和装配率是两个不同的概念。预制率是指：装配式混凝土建筑室外地坪以上主体结构和围护结构中预制构件部分的材料用量占对应构件材料总用量的体积比。装配率是指：装配式建筑中预制构件、建筑部品的数量（或面积）占同类构件或部品总数量（或面积）的比率。

以上海为例，根据上海市装配式建筑单体预制率和装配率计算细则，建筑单体预制率计算有两种方法。

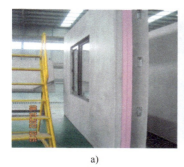
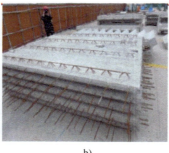

a)　　　　　　　　　　b)　　　　　　　　　　c)

图 1-16　常见的预制混凝土构件

a）预制墙板　b）预制叠合板　c）预制楼梯

d)　　　　　　　　　　　　　　　　e)　　　　　　　　　　　　　　　　f)

图 1-16　常见的预制混凝土构件（续）

d）预制柱　e）预制梁　f）预制阳台

方法一（体积占比法）：建筑单体预制率=(∑预制构件体积×构件修正系数)/构件总体积

方法二（权重系数法）：建筑单体预制率=∑[权重系数×∑(构件修正系数×预制构件比例)]

建筑单体装配率计算方法如下：

建筑单体装配率=建筑单体预制率+内装权重系数×∑(内装部品（技术）修正系数×内装部品（技术）比例)

三、装配式混凝土结构的特点

1. 标准化设计

标准化设计是指，对于通用装配式构件，根据构件共性条件，制定统一的标准和模式，开展适用范围比较广泛的设计。在装配式建筑设计中，采用标准化设计思路，可大大减少构件或部品的规格，重复劳动少，设计速度快，如图 1-17 所示。

图 1-17　标准化设计装配式建筑

2. 工业化生产

装配式建筑的结构构件都是在工厂生产的，如图 1-18 所示，工厂化预制采用了较先进的生产工艺，模具成型，蒸汽养护，机械化程度较高，从而使生产效率大大提高，产品成本大幅降低。同时，由于生产工厂化，材料、工艺容易掌控，使得构件产品质量得到很好的保证。

3. 装配化施工、一体化装修

装配式建筑的施工可以实现多工序同步一体化完成。由于前期土建和装修一体化设计，构件在生产时已事先统一在建筑构件上预留孔洞和装修面层预埋固定部件，避免在装修施工阶段对已有建筑构件打凿、穿孔。构件运至现场之后，按预先设定的顺序进行安装与施工。装配式装修是将工厂生产的部品部件在现场进行组合安装的装修方式，主要包括干式工法楼（地）面、集成厨房、集成卫生间、管线与结构分离等。全装修是指功能空间的固定面装修和设备设施安装全部完成，达到建筑使用功能和建筑性能的基本要求，如图 1-19 所示。

图 1-18 预制构件工业化生产

图 1-19 装配化施工与一体化装修

4. 信息化管理、智能化应用

装配式建筑将建筑生产的工业化进程与信息化紧密结合，是信息化与建筑工业化的深度融合的结果。装配式建筑在设计阶段采用 BIM 信息技术，进行立体化设计和模拟，避免设计错误或遗漏；在预制和拼装过程采用 ERP 管理系统，施工中采用网络摄影和在线监控；生产中预埋信息芯片，实现建筑的全寿命周期信息管理。BIM 可以简单地形容为"模型+信息"，模型是信息的载体，信息是模型的核心。同时，BIM 又是贯穿规划、设计、施工和运营的建筑全生命期，可以供全生命期的所有参与单位基于统一的模型实现协同工作，如图 1-20 所示。

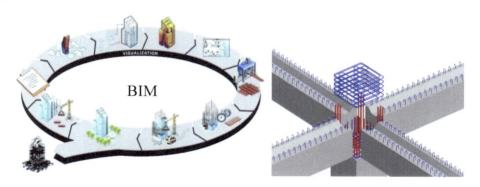

图 1-20 装配式建筑信息化管理

课后习题

简答题

1. 全装配混凝土结构适用于什么建筑？
2. 请简述装配率的定义。

任务 2　装配式混凝土结构的体系

 任务目标

1. 熟悉装配式混凝土结构的类型与特点。
2. 会识别装配式剪力墙结构的分类与区别。

装配式混凝土
结构基础知识

知识链接

根据钢筋混凝土主体结构类型，装配式混凝土结构主要分为装配式剪力墙结构和装配式框架结构等形式。

1. 装配式剪力墙结构

装配式剪力墙结构是住宅建筑中常见的结构体系，其建筑物室内无凸出于墙面的梁、柱等结构构件，室内空间规整，它的传力途径为楼板→剪力墙→基础→地基。剪力墙结构的主要受力构件剪力墙、楼板及非受力构件墙体、外装饰等均可预制。预制构件种类一般有预制外墙板（包含全预制剪力墙（图1-21）、单面叠合剪力墙、双面叠合剪力墙等）、预制内墙板、叠合板、预制阳台板、预制飘窗（图1-22）、预制空调板、预制楼梯、预制女儿墙等。预制剪力墙的竖向连接可采用螺栓连接、钢筋套筒灌浆连接、钢筋浆锚搭接连接，预制围护墙板的竖向连接一般采用螺纹盲孔灌浆连接。

图 1-21　全预制剪力墙

图 1-22　预制飘窗

装配式剪力墙结构依据预制墙体的类型，又可分为全预制剪力墙结构、单面叠合剪力墙结构和双面叠合剪力墙结构等。

（1）全预制剪力墙结构（PC结构，图1-23）　全预制剪力墙结构分为内叶板、保温层、外叶板，俗称"三明治"结构（PC结构），集成了外墙门窗、外墙保温技术等，可以实现石材反打技术。剪力墙竖向连接方式采用灌浆套筒连接、浆锚搭接和螺栓连接等。墙板之间多采用PCF（预制外挂墙板）形式，内部浇筑混凝土，实现"等同现浇"的结构性能。该体系还包括预制内墙、预制叠合板、预制楼梯、预制阳台、预制空调板、预制女儿墙等构件，单体预制率可高达40%以上，适应范围广。但预制构件重，安装要求精度高，施工难度大。灌浆套筒成本高，且有一定的渗漏风险。目前上海、北京等地多采用装配整体式夹心保温混凝土结构。

项目概况：地上33层住宅建筑，总建筑面积168648m²，如图1-23所示。

预制情况：预制率高达40%，包括预制剪力墙（部分）、预制阳台、预制飘窗、全预制楼梯等。

（2）单面叠合剪力墙结构（PCF结构，图1-24）　单面叠合剪力墙结构，俗称"外挂内浇"结构（PCF

a) b)

图 1-23 全预制剪力墙结构及项目

a）工程效果图 b）全预制剪力墙结构

结构），预制外挂墙板厚度一般在 6cm 左右，内部通过现场浇筑工艺形成叠合剪力墙。内外墙板通过连接件连接，预制构件不参与结构受力，其使用不改变建筑物主体结构力学特性，与现行技术规范无冲突。预制墙板内侧在工厂中将保温层集成，从而形成预制夹心保温叠合外挂墙。预制外墙构件自身厚度较小、刚度较差，制作、运输、吊装过程中成品保护较困难。

项目概况：高层住宅建筑，总建筑面积 49000m²，如图 1-24 所示。

预制情况：预制率 30%，包括预制保温叠合外墙板、预制叠合楼板、预制楼梯、预制阳台。

a) b)

图 1-24 单面叠合剪力墙结构及项目

a）工程效果图 b）单面叠合剪力墙结构

（3）双面叠合剪力墙结构（图 1-25）　双面叠合剪力墙结构由两层预制板与格构钢筋制作而成，现场安装就位后，在两层板中间浇注混凝土形成整体结构。预制构件为两片墙板与格构钢筋形成的空间结构，构件的刚度较大，运输、安装过程较为方便。施工过程中不需要内外模板，施工工序较少。但剪力墙边缘构件构造复杂，竖向节点处钢筋采用间接搭接，操作难度较大，空腔浇筑的混凝土宜采用自密实混凝土。

项目概况：地上 18 层住宅建筑，总建筑面积 9800m²，如图 1-25 所示。

预制情况：预制率 30%，包括双面叠合剪力墙、预制叠合楼板、预制楼梯。

2. 装配式框架结构

框架结构中全部或部分框架梁、柱采用预制构件建成的装配整体式混凝土结构，简称装配式框架结构。装配框架结构是常见的结构体系，主要应用于空间要求较大的建筑，如商店、学校、医院等，其传力途径为楼板→次梁→主梁→柱→基础→地基，结构传力合理，抗震性能好。框架结构的主要受力构件梁、柱、楼板及非受力构件墙体、外装饰等均可预制，如图 1-26 和图 1-27 所示。预制构件种类一般有预制柱、叠合梁、

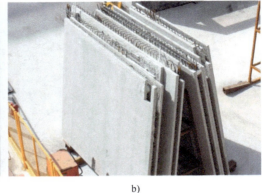

a)   b)

图 1-25　双面叠合剪力墙结构及项目

a）工程效果图　b）双面叠合剪力墙结构

图 1-26　预制梁   **图 1-27　预制柱**

叠合板、预制外挂墙板、预制女儿墙等。预制柱的竖向连接一般采用灌浆套筒逐根连接。但框架结构梁、柱节点钢筋密，出筋较多导致拼装难度较大，对构件深化设计和现场构件拼装提出了较高的要求。

项目概况：地上 3 层住宅建筑，单体建筑面积 1154m²，如图 1-28 所示。

预制情况：预制率 40%，预制柱、叠合梁、叠合楼板等。

a)   b)

图 1-28　装配式框架结构及项目

a）工程效果图　b）装配式框架结构

课后习题

简答题

1. 装配式混凝土结构类型根据结构体系分为哪几种？

2. 装配整体式剪力墙结构根据预制围护构件的种类可分为哪几类？

任务3 装配式混凝土结构的关键技术

任务目标

1. 熟悉预制混凝土构件钢筋连接的形式。
2. 了解预制夹心墙板内外叶板的连接件。
3. 了解预制构件节点防水的节点形式及构造规定。
4. 会识别预制构件粗糙面及键槽设置要求。

知识链接

一、预制混凝土构件竖向连接

1. 钢筋套筒灌浆连接技术

钢筋套筒灌浆连接技术是指将带肋钢筋插入内腔为凹凸表面的灌浆套筒，通过向套筒与钢筋的间隙灌注专用高强水泥基灌浆料，待灌浆料凝固后将钢筋锚固在套筒内实现针对预制构件的一种钢筋连接技术，主要用于预制混凝土构件的受力钢筋连接。由于预制构件连接钢筋100%断开，因此套筒灌浆连接要达到一级接头的性能要求。钢筋套筒灌浆连接接头由钢筋、灌浆套筒、灌浆料三种材料组成，如图1-29所示，其中灌浆套筒分为半灌浆套筒和全灌浆套筒，半灌浆套筒连接的接头一端为灌浆连接，另一端为机械连接。

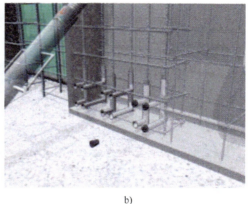

a) b)

图1-29 钢筋套筒灌浆连接节点

a）构件厂模具中钢筋套筒 b）钢筋套筒连接透视图

2. 钢筋浆锚搭接技术

钢筋浆锚搭接是装配式混凝土结构钢筋竖向连接形式之一，即在混凝土中预埋金属波纹管（图1-30）或螺旋箍筋约束（图1-31），待混凝土达到要求强度后，钢筋穿入波纹管，再将高强度无收缩灌浆料灌入波纹管养护，以起到锚固钢筋的作用。这种钢筋浆锚体系属多重界面体系，即钢筋与锚固材料（灌浆料）的界面体系、锚固材料与波纹管界面体系以及波纹管与原构件混凝土的界面体系。因此锚固材料对钢筋的锚固力不仅与锚固材料和钢筋的握裹力有关，还与波纹管和锚固材料、波纹管和混凝土之间的连接有关。

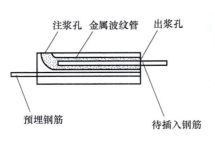
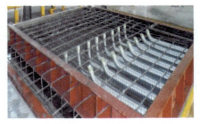

图 1-30 金属波纹管浆锚搭接连接

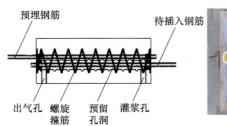

图 1-31 螺旋箍筋约束浆锚搭接连接

二、预制夹心内外叶墙的连接件

连接件是保证预制夹心保温墙板的内、外叶墙板可靠连接的重要部件。当前常用的连接件有 FRP 连接件、不锈钢连接件、玄武岩筋连接件三类，其中以 FRP 连接件的应用最为广泛。

1. FRP 连接件技术

FRP 连接件（图 1-32）具有导热系数低、耐久性好、造价低、强度高的特点，与混凝土相容性好，可有效避免墙体在连接件部位的冷（热）桥效应，提高墙体的保温效果与安全性，在建筑工程领域具有广阔的工程应用前景。FRP 呈矩形或梅花形布置，间距为 400~600mm，距墙边 100~200mm。插入深度 a_1 最小 30mm，最小保护层厚度 a_2 为 25mm，连接件套环长度与保温厚度一致。

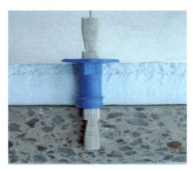
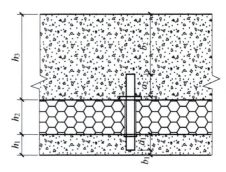

图 1-32 FRP 连接件

2. 不锈钢连接件技术

用于预制夹心保温墙板连接件的不锈钢为奥氏体不锈钢。奥氏体不锈钢具有导热系数小、耐腐蚀、力学性能好的特点。不锈钢连接件（图 1-33）体系分为承重拉结件和限位拉结件，导热吸收远低于碳素钢。承重拉结件承担平面内荷载，即自重和地震产生竖向和水平荷载，拉结件屈服强度≥350MPa，抗拉强度≥600MPa。限位拉结件承担平面外荷载，即风荷载和温度变形产生拉压力，限位拉结件屈服强度≥690MPa，抗拉强度≥800MPa。

图 1-33　不锈钢连接件

3. 玄武岩筋连接件技术

玄武岩筋是纤维钢筋的一种，是以玄武岩纤维为增强材料、合成树脂及辅助剂等为基体材料，经拉挤牵引成型的一种新型复合材料。与传统材料相比，玄武岩筋具有质量轻、耐腐蚀性强、易切割、施工方便、混凝土结合力强、可设计性强、安全性能好等特点。玄武岩筋连接件（图1-34）的优点：天然电绝缘、导热系数极低，不生锈、耐腐蚀，强度高、质量轻，与水泥有极高的黏接强度，不吸水，较低的热膨胀系数。

图 1-34　玄武岩筋连接件

三、预制构件防水关键技术

1. 预制夹心保温墙板接缝防水

预制混凝土夹心保温墙板接缝水平缝宜采用外地内高的企口缝，预制混凝土夹心外墙板内叶混凝土板与现浇钢筋混凝土梁连接部位应设置粗糙面，上下墙板间的水平接缝处浇筑混凝土前应设置同材质泡沫保温条或聚乙烯泡沫条，并应采取可靠的固定措施，外露接缝中应嵌填耐候密封胶，如图1-35所示。

相邻预制混凝土夹心保温墙板垂直缝中，浇筑混凝土前应填塞同材质、等厚度的泡沫保温条，并用自粘丁基胶带封闭后塞泡沫保温条与夹心保温材料之间的接缝，胶带与接缝两侧粘贴宽度不应小于25mm，必要时可采用临时机械固定措施，内叶混凝土板与现浇混凝土相交部位应设置粗糙面，垂直缝应采用耐候密封胶密封，如图1-36所示。

拐角部位采用预制混凝土夹心保温外墙模板，并形成两条垂直缝时，浇筑混凝土前，应在模板的夹心保温板与相邻的预制混凝土夹心保温墙板的保温板之间填塞同材质、等厚度的泡沫保温条，接缝表面

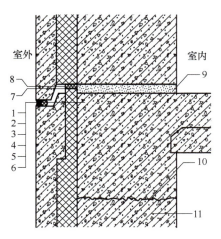

图 1-35　预制混凝土夹心保温墙板
水平缝密封防水构造

1—现浇钢筋混凝土梁　2—夹心保温层　3—外叶混凝土板　4—水平向常压防水空腔　5—背衬材料　6—耐候建筑密封胶　7—双面自粘丁基胶带　8—同材质泡沫保温条或聚乙烯泡沫条　9—细石混凝土坐浆　10—粗糙面　11—内叶混凝土板

应覆盖自粘丁基胶带，胶带与接缝两侧粘贴宽度不应小于 25mm，必要时可采用机械固定措施，预制混凝土夹心保温墙板的内叶混凝土与现浇混凝土相交部位应设置粗糙面，垂直缝应采用耐候密封胶密封，如图 1-37 所示。

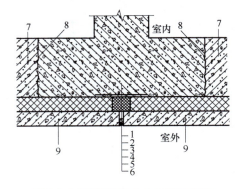

图 1-36　预制混凝土夹心保温墙板
垂直缝密封防水构造

1—现浇钢筋混凝土　2—自粘丁基胶带　3—同材质泡沫保温条　4—竖向常压排水空腔　5—背衬材料　6—耐候建筑密封胶　7—内叶混凝土板　8—粗糙面　9—外叶混凝土板

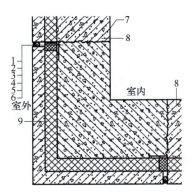

图 1-37　预制混凝土夹心保温墙板
两条垂直缝密封防水构造

1—钢筋混凝土现浇外墙　2—自粘丁基胶带　3—同材质泡沫保温条　4—竖向常压排水空腔　5—背衬材料　6—耐候建筑密封胶　7—粗糙面　8—内叶混凝土板　9—预制混凝土夹心保温外墙模板

2. 预制混凝土外挂墙板接缝防水

预制混凝土外挂墙板水平缝宜采取外低内高的企口缝构造，靠近室内一侧宜设置橡胶空心气密条，并应设置耐火填充材料，室外的接缝应采用耐候建筑密封胶进行密封，两道密封中间应留置水平向常压防水空腔，如图 1-38 和图 1-39 所示。

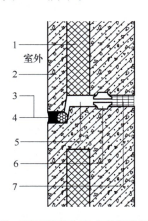

图 1-38　预制混凝土夹心保温外挂墙板
水平缝密封防水构造

1—夹心保温材料　2—外叶混凝土板　3—耐候建筑密封胶　4—背衬材料　5—水平向常压防水空腔　6—橡胶空心气密条　7—耐火填充材料

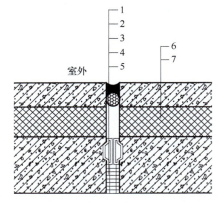

图 1-39　预制混凝土夹心保温外挂墙板
竖向接缝密封防水构造

1—耐候建筑密封胶　2—背衬材料　3—竖向常压排水空腔　4—橡胶空心气密条　5—耐火填充材料　6—外叶混凝土板　7—夹心保温材料

垂直接缝中宜设置排水空腔，靠近室内一侧宜设置橡胶空心气密条，并设置耐火接缝封堵材料，室外的接缝应嵌填耐候密封胶进行密封，两道密封中间应留置竖向常压防水空腔。

四、预制构件粗糙面及键槽设置

粗糙面指预制构件结合面上凹凸不平或骨料显露的表面，键槽是指预制构件混凝土表面规则且连续的凹凸构造，可实现预制构件和后浇筑混凝土的共同受力作用。《装配式混凝土结构技术规程》(JGJ 1—2014) 中明确了预制构件与后浇混凝土、灌浆料、坐浆材料的结合面应设置粗糙面、键槽。

预制板与后浇混凝土叠合层之间的结合面应设置粗糙面。粗糙面的面积不宜小于结合面的 80%，预制板的粗糙面凹凸深度不应小于 4mm，预制梁端、预制柱端、预制墙端的粗糙面凹凸深度不应小于 6mm。

预制梁与后浇混凝土叠合层之间的结合面应设置粗糙面。预制梁端面应设置键槽且宜设置粗糙面，键槽的深度不宜小于 30mm，宽度不宜小于深度的 3 倍且不大于深度的 10 倍，键槽可贯通截面（图 1-40），当不贯通时槽口距离截面边缘不宜小于 50mm（图 1-41），键槽间距宜等于键槽宽度，键槽端部斜面倾角不宜大于 30°。预制柱的底部应设置键槽且宜设置粗糙面，键槽应均匀布置，键槽深度不宜小于 30mm，键槽端部斜面倾角不宜大于 30°，柱顶应设置粗糙面，粗糙面和键槽如图 1-42 所示。

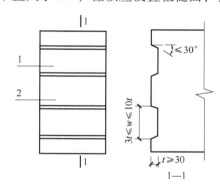

图 1-40　键槽贯通截面
1—键槽且宜设置粗糙面　2—粗糙面

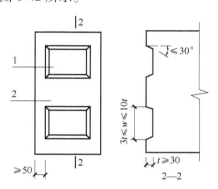

图 1-41　键槽不贯通截面
1—键槽且宜设置粗糙面　2—粗糙面

图 1-42　粗糙面和键槽

课后习题

填空题

1. 半灌浆套筒连接的接头一端为_____，另一端为_____。

2. 预制夹心保温墙板连接件，常用的连接件有_____、_____、_____、_____等。

3. 预制板与后浇混凝土叠合层之间的结合面应设置粗糙面，粗糙面的面积不宜小于结合面的_____。

简答题

什么是预制构件的粗糙面和键槽？

项目二
预制混凝土构件的生产和制作

 项目概述

在工厂或现场预先制作的混凝土构件，简称预制构件。混凝土构件预制工艺是在工厂或工地预先加工制作建筑物或构筑物的混凝土部件的工艺。预制混凝土构件厂生产线及设备直接关系到生产效率和工厂产能，预制构件模具直接影响到预制构件的质量与经济成本，预制构件堆放依据不同构件类型有不同的要求。

 项目目标

通过本项目的学习，能复述预制构件厂的生产线类型、模具加工要求、预制构件加工过程与堆放等内容。

任务1　预制构件生产线类型

 任务目标

1. 熟悉各个预制构件生产线的操作流程。
2. 了解不同预制构件生产线的优缺点。

 知识链接

预制混凝土构件
生产和制作（一）

一、自动化生产线

预制构件自动化生产线是指各生产工序依靠专业自动化设备进行有序生产，并按照一定的生产节拍在生产线上行走，最终经过立体养护窑养护成型，从而形成完整的流水作业，如图2-1所示。目前国内流水线生产线主要分为模台移动式生产线和装备移动式生产线。

1. 模台移动式生产线

移动模台是由型钢和钢板焊接而成，能按工序在构件生产的不同工位之间移动，并具有一定刚度和表面平整度的通用底模，如图2-2所示。模台移动式生产线是一种采用生产设备固定、模台移动的预制构件生产组织方式，其特点是操作人员位置相对固定，而加工按顺序和一定的时间节拍在各个工位上行走。按节拍时间又可分为固定节拍和柔性节拍。固定节拍适合管桩生产流水线，柔性节拍适合预制构件的生产，其优势在于生产效率高、生产工艺适应性可通过流水线布置进行调整，适用于标准程度较高的板类构件，如叠合楼板、墙板等；缺点是串行生产容错率低，产品适应有待改进，对于非标构件的生产效率需提高。

图 2-1　自动化生产线

图 2-2　模台移动式生产线

2. 装备移动式生产线

　　装备移动式生产线是一种采用模台固定、作业设备移动的预制构件生产组织方式。构件生产的全过程都在同一个模台上加工，装备依据需要流水移动完成作业，如图 2-3 所示。相比模台移动式生产线，具有工艺设备利用率高、全程自动控制、人为因素引起的误差小、对构件的适用性强、后续扩展性强等优点。

图 2-3　装备移动式生产线

二、固定台座法

固定台座法指加工对象位置固定，按不同工种依次在各个工位上操作的生产工艺。固定台座法包括固定模台工艺、立模工艺和预应力工艺等，最大优势是适用范围广，适应性强，灵活方便，适用于非标准构件，如阳台板、异型墙板等；缺点是生产效率低、作业环境差和劳动强度高等，如图2-4所示。

固定模台是由型钢和钢板焊接而成，固定放置于预制构件生产工位，并具有一定刚度和表面平整度的通用底模。固定模台也被称为平模工艺，其工艺的设计主要是根据生产规模，在车间里布置一定数量的固定模台，放置钢筋与预埋件、浇筑振捣混凝土、养护构件和拆模都在固定模台上进行。模具是固定不动的，作业人员和钢筋、混凝土等材料在各个模台间流动。

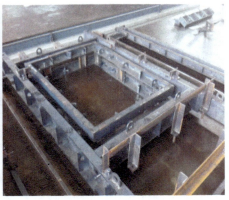

图 2-4　固定台座

三、长线台座法

长线台座法相较于固定台座法而言长度较长，一般超过100m，操作人员和设备沿台座一起移动成型产品，长线台座法的优点是效率较高，缺点是要求预制构件构造简单、规格一致，适用于SP板、双T板等预制构件制作，如图2-5所示。

图 2-5　长线台座

课后习题

简答题

1. 什么是固定台座法？
2. 全自动生产线的工作步骤大体是什么？

任务 2　预制构件模具设计与制作

 任务目标

1. 熟悉模具基本知识和安装主要流程。
2. 了解不同预制构件模具的制作要点。

 知识链接

一、模具设计及其基本知识

模具设计应遵循用料轻量化、操作简便化、应用模块化的设计原则，并应根据预制构件的质量标准、生产工艺及技术要求、模具周转次数以及通用性等相关条件确定模具设计和加工方案。

模具底模宜采用移动式或固定式钢模台，侧模宜采用钢材或铝合金制作，也可根据具体要求采用其他材料制作，如图 2-6 所示。预制构件表面有纹理装饰要求时，可使用装饰造型衬模铺贴。装饰造型衬模应满足无收缩、无变形、易脱模、抗撕裂以及耐压、耐温等要求。采用磁力盒固定模具时，磁力盒磁力大小及布置要求应符合模具特征和生产企业的规定。模具及配套部件应具有足够的承载力、刚度和整体稳定性，并应满足预埋管线、预留孔洞、插筋、吊件、固定件等的定位要求。模具构造应满足钢筋入模、混凝土浇筑、养护和便于脱模等要求，并应便于清理和隔离剂的涂刷。预应力构件模具的技术要求应根据设计确定。模具堆放场地应平整坚实，并设置排水措施。

图 2-6　模具底模和侧模

模具应定期进行检修，固定模台或移动模台每 6 个月应进行一次检修，钢或铝合金型材模具每 3 个月或周转生产 60 次应进行一次检修，装饰造型衬模每 1 个月或周转 20 次应进行一次检修。模具经维修后仍不能满足使用和质量要求时，应予以报废。目前，装配式建筑的模具是根据单个工程设计和制造的，模具标准化程度低，重复利用率极低。建立基于标准化构件库的模数化组合式模具系统和相应的数字化标准模具库，可大大提高模具重复使用率并降低工程模具成本，如图 2-7 所示。

二、模具安装流程

预制构件厂模具安装主要流程见表 2-1。

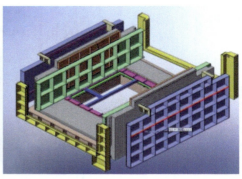

图 2-7　模具标准化和模数化

表 2-1　模具安装主要流程

序号	流程	相关内容
1	材料、工具准备	图纸准备：工艺布局图、预制件产品图或装模清单 工具准备：按需安装模具类型，确定需用工具，并检查完好性 材料准备：按工艺布局图和模具清单准备模具材料及固定辅助材料
2	钢台车清理	1. 新台车在进厂前检验时表面要求进行防锈处理，且不能有过多的油渍 2. 弹线定位前应用磨光机装上钢丝球在整个板面上打磨处理，清除杂质，防止第一次生产出来的产品出现颜色不一致的情况 3. 用钢台车装模前应对台面原有的混凝土残留余碴进行清理并对原有的焊缝、焊碴进行打磨。对于凹进台车表面的焊缝应先进行填焊再进行无痕打磨
3	下料	1. 根据产品图纸外框尺寸确定模具在钢台车上的基准定位点，确定基准点时应考虑：基准点必须在靠近翻转台那一面产品的下方 2. 经过基准点沿钢台车长度方向和宽度方向弹两条相互垂直的线 3. 以两条垂线为基准，根据图纸要求弹出模具长度和宽度，确定外框尺寸，并校验对角线。校验对角线误差在允许范围内之后，再以模具的外边线为基准，引出门窗洞口、消防洞口以及其他预留洞口的轮廓线
4	弹线定位	1. 根据产品图纸，统计好相同尺寸、相同规格材料的数量，按照先长料后短料、长套短的下料原则进行下料 2. 下料前应检查切割机锯片与切割台面、侧向定位面是否均成直角 3. 材料的断面原则上应一刀切断，对于不能一刀切断的型材，首先应将角尺紧贴在型材的切割线上，用焊条磨成钢针沿角尺在型材的四个面画上线，然后照线切割 4. 在切割过程中应对切好的型材进行抽检，检查断面的垂直度和型材的长度
5	锯挡板缺口	先根据图纸在型材或角铁上画好线条，然后依据画好的线进行锯缺。如果是叠合楼板，先要钻圆孔再按线切割
6	钻孔	型材钻孔时应先在型材上画好孔位线，一般情况下，左右挡边各画 3 个，即距两头 200mm 各一个，正中间一个；下挡边两头留 200mm，中间每隔 1000mm 一个 画线时还应综合考虑预埋是否与所画的线相冲突，经检验如果相冲突的话应优先预埋
7	模具定位	上挡边、暗梁头、门窗挡边与钢台车固定采用压铁形式 不拆卸的左右挡边、下挡边与钢台车固定采用丝杆焊接于台车上，并用螺母固定型材
8	检验	对已装好的模具外框尺寸进行检验，包括长度、宽度是否符合图纸要求，对角线偏差是否在允许范围内

　　模具应安装牢固、尺寸准确、拼缝严密、不漏浆，精度必须符合设计要求和规定，并应经验收合格后再投入使用。模具组合前应对模具和预埋件定位架等部位进行清理，严禁敲击。模具与混凝土接触的表面应均匀涂刷隔离剂。装饰造型模具衬垫应与底模和侧模密贴，不得漏浆。模具隔离剂和检查如图 2-8 所示。

三、模板制作要点

1. 墙板模板制作要点

　　墙板通常采用平模生产，也称为卧式生产，由四部分组成：侧模、端模、内模、工装与加固系统。在自

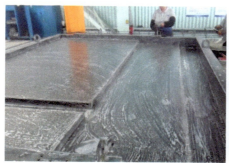

图 2-8　模具隔离剂和检查

动化流水线中，一般使用模台作底模；在固定模位中，底模采用钢模台，侧模与端模是墙的边框模板。有窗户时，模具内要安装窗框内模。带拐角的墙板模具，要在端模的内侧设置内模板。大量的预留预埋，如墙板后浇带预留孔等则通过悬挂工装来实现，如图 2-9 所示。

图 2-9　墙板生产制作

2. 叠合板模板制作要点

叠合板分为单向板和双向板，单向板两侧边出筋，双向板两个端模和两个侧模都出筋。叠合板生产以模台为底模，钢筋网片通过侧模或端模的孔位出筋，如图 2-10 所示。钢制边模用专用的磁盒直接与底模吸附固定或通过工装固定。铝合金磁力边模是由铝合金边模和内嵌的磁性吸盘组成，使磁盒与模板成为一体，这种边模称为磁性边模。边模宽 60mm，高度有 70mm 和 80mm 两种，长度可以做成 1m、1.5m、2m、3m、3.5m 不等，以组合成不同的叠合板模具。

图 2-10　叠合板生产制作

3. 预制柱模板制作要点

预制柱多用平模生产，底模采用钢制模台底座，两边侧模和两头端模，通过螺栓与底模相互固定

（图 2-11）。钢筋通过端部模板的预留孔出筋。如果预制柱不高，可采用立模生产。与梁连接的钢筋，通过侧模的预留孔出筋。

图 2-11　预制柱生产制作

4. 预制梁模板制作要点

预制梁分为叠合梁和整体预制梁。预制梁多用平模生产，采用钢制模台底座做底模，两片侧模和两片端模通过螺栓连接组成预制梁模具，上部采用角钢连接加固，防止浇筑混凝土时侧面模板变形，如图 2-12 所示。上部叠合层钢筋外露，两端的连接筋通过端模的预留孔伸出。

图 2-12　预制梁生产制作

5. 阳台模板制作要点

预制阳台分为叠合阳台和整体阳台，即半预制阳台和全预制阳台。半预制阳台、全预制阳台的制作方法均为：在固定模台上，先摆放侧模，然后摆放连接两端的端模，再安装阳台两侧侧板的内侧模和外栏板的内端模，最后连接加固，形成一个阳台的整体模具，如图 2-13 所示。在内侧端模上部开孔，预留连接钢筋的出筋孔洞。在浇筑构件混凝土时，叠合式阳台的桁架筋要高出预制板面。

 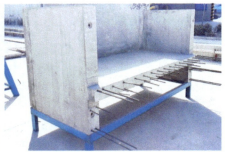

图 2-13　预制阳台生产制作

课后习题

填空题

1. 模具应定期进行检修，固定模台或移动模台每_____个月应进行一次检修。

2. 模具经维修后仍不能满足使用和质量要求时，应_____。

简答题

构件厂模具安装的主要流程是什么？

任务3　预制构件制作与成型

任务目标

1. 掌握预制构件制作生产的工艺流程。
2. 了解预制构件制作各环节的质量控制要点。

知识链接

预制混凝土构件
生产和制作（二）

一、钢筋入模

钢筋制品的尺寸应准确，钢筋的下料及成型宜采用自动化设备进行。钢筋绑丝甩扣应弯向构件内侧。钢筋制品中，钢筋、配件和埋件的品种、规格、数量和位置等应符合有关设计文件的要求。钢筋制品中，开孔部位应根据图纸要求设置加强筋，加强筋不应少于3处绑扎固定点，如图2-14所示。钢筋制品吊运入模前应对其质量进行检查，并应在检查合格后再入模，吊运时宜采用多吊点的专用吊架。钢筋制品应轻放入模，并采用保护层垫块的方式达到钢筋各部位的保护层厚度要求，如图2-15所示。

图2-14　钢筋加工与安装

二、预埋件、门窗的安装

预埋件、连接用钢材和预留孔洞模具的数量、规格、位置、安装方式等应符合设计规定，固定措施应可靠。预埋件应固定在模板或支架上，预留孔洞应采用孔洞模具加以固定。预制构件的门窗框应在浇筑混凝土前预先放置于模具中，位置应符合设计要求，并应在模具上设置限位框或限位件进行可靠固定，如图2-16所示。门窗框的品种、规格、尺寸、相关物理性能和开启方向、型材壁厚和连接方式等应符合设计要求。

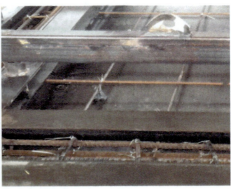

图 2-15　钢筋保护层厚度

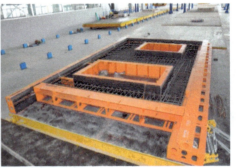

图 2-16　预埋件与门窗的安装

三、保温材料的安装

保温材料应根据设计要求设置，并应符合国家相关墙体防火、节能设计与施工规范的要求。预制混凝土夹心保温外墙板可采用平模工艺或立模工艺成型，并应符合下列规定：

1）采用平模工艺成型时，混凝土宜分内外叶两层浇筑，内外叶混凝土之间应安装保温材料和连接件，混凝土的振捣效果应达到设计及规范要求。

2）采用立模工艺成型时，应同步浇筑内外叶混凝土层，生产时应采取可靠措施保证内外叶混凝土厚度、保温材料及连接件的位置准确。挤塑板的安装如图 2-17 所示。

图 2-17　挤塑板的安装

四、混凝土浇筑及表面处理

在混凝土浇筑成型前，应进行预制构件的隐蔽工程验收，如图 2-18 所示。纵向受力钢筋和预应力筋的品种、规格、数量和位置必须符合设计要求。灌浆套筒、波纹管、吊具和插筋的品种、规格、数量和位置必须符合设计要求。其他隐蔽工程检查项目应符合有关标准规定和设计文件的要求，检验项目包括以下内容：

图 2-18　浇筑前检查和浇筑

1）模具各部位尺寸、定位、固定和拼缝。
2）饰面材料铺设品种、质量。
3）钢筋的连接方式、接头位置、接头数量、接头面积百分率。
4）箍筋、横向钢筋的品种、规格、数量、间距。
5）预留孔洞、预埋件及门窗框的规格、数量、位置。
6）保温板、保温板连接件的数量、规格、位置。
7）钢筋的混凝土保护层厚度。
8）隔离剂品种、涂刷要求。

混凝土放料高度应小于 500mm，并应均匀摊铺。混凝土成型振捣方法应根据构件类型确定。振捣应密实，振动器不应碰触钢筋骨架、面砖和预埋件。混凝土浇筑应连续进行，同时应观察模具、门窗框、预埋件等的变形和移位，变形与移位超出规定的允许偏差时，应采取补强和纠正措施。配件、埋件、门框和窗框处混凝土应浇捣密实，其外露部分应有防污损措施。混凝土表面应用铁抹子或木抹子抹平提浆，宜对混凝土表面进行二次抹面。预制构件与后浇混凝土的结合面或叠合面应按设计要求制成粗糙面和键槽，粗糙面可采用拉毛或凿毛处理方法，也可采用化学和其他物理处理方法。

五、预制构件的养护

预制构件的成型和养护宜在车间内进行，成型后蒸养可在生产模位上或养护窑内进行。预制构件可根据需要选择洒水、覆盖、喷涂养护剂养护，或采用蒸汽养护、电加热养护等养护方式，如图 2-19 所示。预制构件采用蒸汽养护时，宜采用自动蒸汽养护装置，并应保证蒸汽管道通畅、养护区无积水。蒸汽养护应分静停、升温、恒温和降温 4 个阶段，并应符合下列规定：

图 2-19　预制构件养护

1）混凝土全部浇捣完毕后静停时间不宜少于 2h。

2）升温速度不得大于 15℃/h。

3）恒温时最高温度不宜超过 55℃，恒温时间不宜少于 3h。

4）降温速度不宜大于 10℃/h。

六、预制构件的拆模与脱模

预制构件停止蒸汽养护拆模前，预制构件表面与环境温度的温差不宜超过 20℃。模具的拆除应根据模具结构的特点及拆模顺序进行，严禁使用振动模具方式拆模，如图 2-20 所示。预制构件脱模起吊（图 2-21）应符合下列规定：

图 2-20　拆除模板

图 2-21　翻转与起吊

1）预制构件脱模起吊时，同条件养护混凝土立方体试块抗压强度应满足设计要求，且不应小于 15N/mm²。

2）预应力混凝土构件脱模起吊时，同条件养护混凝土立方体试块抗压强度应满足设计要求，且不应小于混凝土强度等级设计值的 75%。

3）预制构件吊点设置应满足平稳起吊的要求，平吊吊运的吊点不宜少于 4 个，侧吊吊运的吊点不宜少于 2 个且不宜多于 4 个。

预制构件脱模后应对预制构件进行整修。构件生产应设置专门的混凝土构件整修场地，在整修区域对刚脱模的构件进行清理、质量检查和修补。对于各种类型的混凝土外观缺陷，构件生产单位应制定相应的修补方案，并配有相应的修补材料和工具。预制构件应在修补合格后再驳运至合格品堆放场地。

七、构件标识

构件应在脱模起吊至整修堆场或平台时进行标识，标识的内容应包括工程名称、产品名称、型号、编号、生产日期、制作单位和合格章。标识应标注于堆放与安装时容易辨识且不易遮挡的位置。标识的颜色、文字大小和顺序应统一，标识宜采用喷涂或印章方式制作。基于建筑信息模型进行设计、生产、施工和维护管理的预制构件，宜采用适合电子识别的标识方法，如图 2-22 所示。

图 2-22 构件标识

课后习题

简答题

1. 简述预制构件制作生产的工艺流程。

2. 概述预制构件制作各环节的质量控制要点。

任务 4 预制构件驳运与存放

任务目标

1. 能描述预制构件驳运的相关规定。

2. 掌握预制构件存放的相关规定。

知识链接

一、预制构件的驳运

预制构件的驳运应符合下列规定（图 2-23）：

1）成品驳运时，必须使用专用吊具，应使每一根钢丝绳均匀受力。钢丝绳与成品的夹角不得小于 45°，确保成品呈平稳状态，构件应轻起慢放。

2）成品驳运时，运输车应有专用垫木，垫木位置应符合图纸要求。运输轨道应在水平方向无障碍物，车速应平稳缓慢，不得使成品处于颠簸状态。

3）驳运过程中发生成品损伤时，应对照相关要求进行修补，并重新检验。

二、预制构件的存放

预制构件的存放应符合下列规定（图 2-24）：

1）存放场地应平整坚实，并应有排水措施；堆放构件的支垫应坚实。成品应按合格区、待修区和不合

图 2-23　构件驳运与修补

格区分类堆放，并应进行标识。

2）预制混凝土叠合剪力墙板、叠合夹心剪力墙板、夹心保温外墙板、外挂墙板宜采用插放或靠放，堆放架应有足够的承载力和稳定性。预制构件采用靠放架立放的方式时，宜对称靠放，与地面的倾斜角度宜大于80°；相邻堆放架宜连成整体。连接止水条、高低口、墙体转角等薄弱部位时，应采用定型保护垫块或专用式套件作加强保护。

3）预制叠合板、柱、梁宜采用叠放方式。预制叠合板叠放层数不宜大于6层，预制柱、梁叠放层数不宜大于2层。底层及层间应设置支垫，支垫应平整且上下对齐，支垫地基应坚实。构件不得直接放置于地面上；预制构件堆放超过上述层数时，应对支垫、地基承载力进行验算。

4）预应力构件堆放应根据预制构件起拱值的大小和堆放时间采取相应措施。预制构件的码放应预埋吊件向上、标志向外；垫木或垫块在构件下的位置宜与脱模、吊装时的起吊位置一致。

图 2-24　构件存放

课后习题

简答题

1. 预制构件的驳运应符合哪些规定？
2. 预制构件的存放应符合哪些规定？

项目三
预制构件的运输与堆放

 项目概述

预制构件依照构件类型、大小、形状、重量具有很多不同的类型，各类型构件在运输、检查和堆放时的具体要求也各不相同，本项目主要讲述预制混凝土构件的运输与道路布置、现场堆放要求和顶板加固方式等内容。

 项目目标

了解预制构件运输道路布置、运输路线、运输车辆和堆放方式的相关规定；能说出不同类型预制构件的堆放方式和要求；能说出不同顶板加固模式的方法与特点。

任务1　预制构件运输与道路布置

 任务目标

1. 能描述预制构件运输道路布置的基本要求。
2. 会识别预制构件运输路线、车辆和堆放方式的相关规定。

预制混凝土构件
运输和堆放

知识链接

项目部在现场预制构件吊装前将需要的构件（批次、时间、数量、资料等）发通知给构件加工厂家，厂家应在吊装前1~2天将构件直接运送到工地构件堆放处。构件运输宜选用载重量较大的载重汽车和半拖式或全拖式的平板拖车。预制构件的运输计划及方案应包括运输时间、确定运输路线和次序、运输架设计、码放支垫及成品保护措施等内容。

1. 道路布置

施工现场应根据施工平面规划设置运输通道。现场运输道路应平整坚实，并有排水措施。运输车辆进入施工现场的道路，应满足预制构件的运输要求。构件的卸放、吊装工作范围内不应有障碍物，并应有满足预制构件周转使用的场地。

对于场外运输道路而言，需要对主要道路、桥洞等限载、限高进行排查。工地大门宽度需满足大型车辆转弯进出。施工现场内道路应按照构件运输车辆的选择合理设置转弯半径及道路坡度。一般情况下，双车道路宽度≥8m，单车道路宽度≥4m，转弯半径≥12m，以循环道路为优，避免场区内掉头，如图3-1所示。道路地面需硬化或平铺20mm厚钢板或顶板加固。车辆速度控制在为30~50km/h，同时，司机要根据道路的实际状况调整车速，并且在起动和停车时要保证车辆平稳，构件运输车辆的相关参数见表3-1。

图 3-1　构件运输

表 3-1　构件运输车辆参数

类型	长度/m	宽度/m	高度/m	重量/t
小平板车	16	3	0.9	35
大平板车	23			45

2. 构件运输路线和方式

运输路线的设计包括车辆的进入及退出路线。预制构件运输前应对运输路线进行调查，内容包括路况是否受限、高度限制、重量限制等，需要对运输路线进行提前规划。司机必须按指定路线行驶，遵守交通法规，严禁超速。工厂预制的构件在运输时，其预制混凝土构件的强度应不低于设计强度的75%。

因为各种构件的形状和配筋各不相同，所以要分别考虑不同的装车方式。

预制墙板宜采用竖直立放运输，带外饰面的墙板装车时外饰面朝外并用紧绳装置进行固定。墙板装车时将外墙板连同堆放架一同吊至运输车上并用紧绳装置进行固定。

预制柱、梁、叠合楼板、阳台板、楼梯、空调板宜采用平放运输，放置时构件底部设置通长木条，并用紧绳与运输车固定；水平运输时，预制梁、柱构件叠放时不宜超过3层，预制板类构件叠放时不宜超过6层。

运输时为了防止构件发生裂缝、破损或变形等，应选择合适的运输车辆和运输台架。重型、中型载货汽车和半挂车载物高度从地面起不得超过4m，载运集装箱的车辆不得超过4.2m。构件竖放运输高度宜选用低平板车，确保构件上限高度低于限高高度。对于超高、超宽、形状特殊的大型构件的运输和码放应制定专门的堆放架和质量安全保证措施。

基于预制构件信息数据，可以进行运输的模拟，最大限度满足预制构件供应能力。可采用先进的自装卸专用运输车，提高运输车和装卸效率，安全可靠。

构件的装车方式、运输及运输车辆如图3-2~图3-6所示。

课后习题

填空题

1. 工厂预制的构件在运输时，预制混凝土构件的强度不低于设计强度的_____。

2. 预制构件的运输计划及方案包括_____、_____、_____、_____和_____等内容。

3. 水平运输时，预制梁、柱构件叠放时不宜超过_____层，板类构件叠放时不宜超过_____层。

图 3-2　构件竖直立放和水平叠放运输

图 3-3　构件水平放置运输　　　　　图 3-4　构件侧立放置运输

图 3-5　叠合板和楼梯运输

图 3-6　自装卸专用运输车

任务2　预制构件的现场堆放要求

任务目标

1. 能说出预制墙板堆放要求。
2. 能说出预制楼板堆放要求。
3. 能说出预制梁、柱堆放要求。
4. 能说出其他预制构件堆放要求。

知识链接

一、堆放场地要求（图 3-7）

1）预制混凝土构件的现场堆放应指定专用堆场。

2）预制混凝土构件运至现场后需及时利用塔式起重机吊运至指定专用堆场，并应按品种、规格、吊装顺序分别设置堆垛。

3）存放堆垛宜设置在吊装机械工作范围内并避开人行通道 1m 处。

4）堆场中预制构件堆放以吊装次序为原则，并对进场的每块板按吊装次序编号。

5）构件不得直接放置于地面上，场地上的构件应做防倾覆措施。所有的预制构件堆场与其他设备、材料堆场需间隔一定的距离，应尽量布置在建筑物的外围并严格按分类标准堆放。

6）堆放场地应平整坚实，地面有硬化措施，并有排水设施，应尽量靠近道路。如果构件堆放在地库顶板上，则需要对地库顶板做加固措施。

7）构件吊装区域有围栏封闭，并设置醒目的提示标语。预制构件堆场中必须设置合理的工作人员安全通道。

8）预制构件存放时，预埋吊件所处位置应避免遮挡，易于起吊。

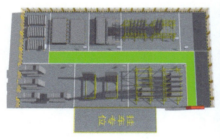

图 3-7　预制构件堆放

二、预制墙板堆放要求

预制外墙板与内墙板可采用竖立插放或靠放，预制墙板与地面倾斜角度应大于 80°，插放架与靠放架应有足够的刚度，并需支垫稳固，防止倾倒或下沉。同时预制内外墙板、挂板在构件薄弱部位和门窗洞口应采取防止变形开裂的临时加固措施。预制夹心保温外墙直立存放时，应保证构件承重墙体下部受力，如图 3-8 和图 3-9 所示。

图 3-8 预制外墙板插放

图 3-9 预制外墙板靠放

三、预制楼板堆放要求

预制叠合板采用叠放方式，叠合面向上平放时，搁支点宜设置在构件端部，叠合板叠放层数不宜大于 6 层。叠合板叠放时用四块尺寸大小统一的木块衬垫，合理设置垫块支点位置，垫块应有足够的支承刚度和支承面积，确保预制构件存放稳定可靠，木块高度必须大于叠合板外露马凳筋的高度，以免上下两块叠合板相碰，如图 3-10 所示。

图 3-10 叠合板现场堆放示意图

四、预制梁、柱堆放要求

预制梁、柱等细长构件宜平放且用条状垫木支垫，叠放层数不宜大于 3 层，底层及层间应设置支垫，支垫应平整且应上下对齐，支垫地基应坚实，如图 3-11 和图 3-12 所示。预制构件堆放超过上述层数时，应对支垫、地基承载力进行验算。

图 3-11　预制柱堆放

图 3-12　预制梁堆放

五、其他预制构件堆放要求

预制阳台板、楼梯堆放（图 3-13）时下面要垫 4 包黄沙或垫木，作为高低差调平之用，防止构件因倾斜而滑动。空调板单块水平放置，方便栏杆焊接施工，如图 3-14 所示。

预制异形构件堆放应根据施工现场实际情况按施工方案执行，如女儿墙构件不规则，应单块水平放置。

图 3-13　预制楼梯堆放

图 3-14　预制空调板堆放

 课后习题

简答题

1. 预制叠合板现场堆放要求有哪些？
2. 简述预制墙板堆放要求。
3. 简述预制梁、柱堆放要求。

任务 3　顶板加固方式

 任务目标

1. 能说出顶板加固的原因及区域。
2. 能说出不同顶板加固模式的方法与特点。

知识链接

如果场内道路或堆场设置在地下室顶板上，则必须考虑施工荷载对地下室顶板结构的承载能力。首先施工单位要进行场地总体部署，确定平板车施工路线、预制构件堆场等规划区域，规划区域可充分考虑消防通道、登高面和覆土较厚区域，之后由结构设计单位进行施工工况下的荷载受力校核，如果不满足设计要求，结构设计上可考虑对顶板进行配筋加固，也可采用施工临时支撑措施。

一、排架加固

顶板可采用钢管排架进行加固。加固范围、钢管的间距及步距应根据实际施工状况计算得出，使用时间根据现场运输及构件吊装计划确定。

排架加固的一般工艺流程为：铺底部垫木→逐根树立立杆并随即与第一步横杆扣紧→装第一步横向大横杆并与立杆扣紧→安第一步纵向大横杆与各立杆扣紧→安第二步横向大横杆→安第二步纵向大横杆→加设剪刀撑。

二、型钢加固

梁板下利用钢管或型钢柱进行上下楼板的连接加固，在后浇带处设置门式钢架进行支撑加固。门式钢架中柱采用 18 号工字钢，顶梁采用 14 号工字钢，连系杆及剪力撑采用 12 号槽钢，间距 2100mm。在结构施工中完成支撑预顶，避免由于排架拆除和支撑安装的转换工程中顶板变形产生裂缝，如图 3-15 所示。型钢支撑可周转使用，符合绿色建筑的环保理念。

图 3-15　型钢加固

课后习题

简答题

钢管排架加固的一般工艺流程是什么？

项目四
预制混凝土构件的吊装作业

 项目概述

装配整体式混凝土结构中预制构件重量较大，吊装任务繁重，吊装机械的选用、施工组织与管理、作业人员的吊装技术要求都比较严格，本项目主要介绍各类起重机械以及吊装作业中的相关要求。

 项目目标

熟悉预制构件常用起重机械和吊装机具；熟悉预制构件吊装前准备工作的基本内容。

任务1 起重机械与吊装机具

 任务目标

1. 熟悉常用起重机械的种类与特点。
2. 了解起重机械选型的基本原则。
3. 了解常用吊梁、吊索具的基本类型。

吊装机具的种类与选用

 知识链接

一、常用起重机械的种类与特点

1. 塔式起重机

塔式起重机简称塔机，亦称塔吊。起重量与幅度的乘积称为载荷力矩，是塔式起重机的主要技术参数。塔式起重机通过回转机构和回转支承进行工作，起升高度大，回转和行走的惯性质量大，故有良好的调速性能。特别起升机构要求能轻载快速、重载慢速、安装就位微动。一般除采用电阻调速外，还常采用涡流制动器、调频、变极、可控硅和机电联合等方式调速。

塔式起重机的主要技术参数有结构形式、变幅方式、塔身截面尺寸、最大起重量、端部吊重（起重力矩）、最大/最小幅度、最大起升高度等。塔式起重机按起重量大小分为轻型、中型和重型3种。起重量在0.5~3t的为轻型塔式起重机，起重量在3~15t的为中型塔式起重机，起重量在20t及以上的为重型塔式起重机。塔式起重机按塔尖结构可分为平头式和塔帽式，如图4-1所示。

2. 自行式起重机

自行式起重机主要包括汽车起重机和履带起重机两类，具有作业范围广、机动性强、作业准备时间短和

a)

b)

图 4-1　塔式起重机

a）平头式　b）塔帽式

可以快速转移等优点，广泛运用在车站、码头、建筑工地、军事设施等地进行货物装卸和设备安装等作业。

（1）汽车起重机　汽车起重机（图 4-2）是装在普通汽车底盘或特制汽车底盘上的一种起重机，其行驶驾驶室与起重操纵室分开设置，其优点是机动性好，转移迅速，是使用最广泛的起重机类型；缺点是工作时需支腿，不能负荷行驶，也不适合在松软或泥泞的场地上工作。汽车起重机的底盘性能等同于同样整车总重的载重汽车，符合公路车辆的技术要求，因而可在各类公路上通行无阻。汽车起重机一般备有上、下车两个操纵室，作业时必需伸出支腿保持稳定。汽车起重机起重量的范围很大，可从 8~1600t，底盘的车轴数，可从 2 根至 10 根。

（2）履带起重机　履带起重机（图 4-3）是将起重作业部分装在履带底盘上，行走依靠履带装置的流动式起重机。履带起重机配套钢丝绳品种包括磷化涂层钢丝绳、镀锌钢丝绳和光面钢丝绳。履带起重机是备有履带运行装置的流动式动臂起重机，由动臂、转台等金属结构和起升、旋转、变幅以及运行机构等组成。起升和变幅机构采用卷筒缠绕钢绳，通过复滑轮组使取物装置升降和动臂俯仰变幅。旋转机构采用转盘式支承装置。机构有两种驱动方式：①集中驱动，将内燃机的动力通过液力偶合器、动力分配箱，然后分别操纵离合器使各机构运动；②分别驱动，用内燃机带动电机组将动力通过各电动机和传动件使机构运动。

图 4-2　汽车起重机

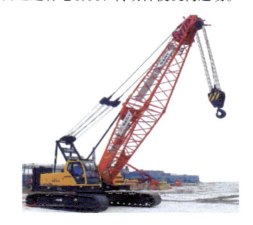

图 4-3　履带起重机

二、起重机械选型的原则

1）适应性：预制构件最大重量和起吊距离是确定起重机械型号的关键，还要考虑建设项目的施工条件和作业内容。

2）高效性：通过对机械功率、技术参数的分析研究，在与项目条件相适应的前提下，尽量选用生产效率高、操作简单、方便吊装的机械设备。

3）安全性：选用的施工机械的性能要优越稳定，安全防护装置要齐全、灵敏可靠。

4）经济性：在选择工程施工机械时，必须权衡工程量与机械费用的关系。尽可能选用低能耗、易保养维修的吊装机械设备。吊装机械的工作量、生产效率等要与工程进度及工程量相符合，尽量避免因施工吊装机械设备的作业能力不足而致使吊装机械设备的利用率降低，或因作业能力超过额定能力而延误工期给吊装机械安全使用带来隐患。

5）综合性：有的工程情况复杂，仅仅选择一种起重机械设备有很大的局限性，可以根据具体工程实际选用多种起重吊装机械配合使用，充分发挥每种机械的优势，达到经济、适用、高效、综合的目的。

三、塔式起重机械的选型

1. 兼顾起重能力与经济性

塔式起重机在具体选择时应考虑最大起重量、起重幅度、起吊高度和每个工作台班起吊班次等。应根据其存放的位置、吊运的部位、距塔中心的距离，确定该塔式起重机是否具备相应起重能力；重点考虑工程施工过程中，最重的预制构件对塔式起重机吊运能力的要求。确定塔式起重机方案时应留有余地，在塔式起重机吊点的最远距离处，预制构件重量应小于塔式起重机允许起重量，最重预制构件位置处应小于塔式起重机允许半径。

目前工程中预制剪力墙重量最大已达7t，预制叠合底板重量则在1.5～2.5t，预制梁最大可达5t，预制柱最大可达15t，均远大于现浇施工方法的材料单次吊装重量，故住宅建筑保有量80%以上的端部起重量在1t左右的塔式起重机不能满足预制装配式结构的吊装要求，需要更大吨位的起重设备。依据预制构件的起重能力，装配式建筑塔式起重机常用的型号包括TC6015和TC7030等，相关参数见表4-1和表4-2。

表4-1　TC6015塔式起重机参数表

标定起重力矩/(kN·m)				800		
起升高度/m			倍率 $\alpha=2$		倍率 $\alpha=4$	
		独立固定式	40.5		40.5	
		附着式	220		110	
工作幅度/m		最大工作幅度		56		
		最小工作幅度		2.5		
最大起重量/t				6		
起升机构	倍率		$\alpha=2$		$\alpha=4$	
	速度/(m/min)	80	40	8.88	40	20	4.44
	起重量/t	1.5	3	3	3	6	6
	功率/kW			24/24/5.4			
牵引机构	速度/(m/min)			50/25		
	功率/kW			3.3/2.2		
回转机构	速度/(r/min)			0～0.65		
	功率/kW			7.5		

塔式起重机租金费用主要包括进出场安拆费、月租金、人工工资等，不同等级租金费用相差较大，大大影响施工单位的措施费。塔式起重机的选型要与预制构件的起重能力相一致，因此在装配式建筑拆分设计时就要综合考虑，尽量控制单个构件的最大重量，达到经济性最优。另外装配式建筑预制构件数量较多，对于40%预制率的剪力墙结构住宅，预制构件数量在100～140个，吊次较多、强度较大，塔式起重机的型号也关

系到预制构件的吊装效率。因此塔式起重机的选择要综合考虑起重能力、经济性和吊装效率等。

表 4-2　TC7030 塔式起重机参数表

标定起重力矩/(kN·m)		2500					
起升高度/m			倍率 α = 2			倍率 α = 4		
		独立固定式	54			54		
		附着式	196.5			98.25		
工作幅度/m		最大工作幅度	75					
		最小工作幅度	3.5					
最大起重量/t		20						
起升机构	倍率	α = 2			α = 4		
	速度/(m/min)	40	80	100	20	40	50
	起重量/t	10	5	3	20	10	6
	功率/kW	75					
牵引机构	速度/(m/min)	0~100					
	功率/kW	11					
回转机构	速度/(r/min)	00.6					
	功率/kW	7.5×3					

2. 塔式起重机附墙件连接（图 4-4）

塔式起重机的高度与底部支承尺寸比值较大，且塔身的重心高、扭矩大、启制动频繁、冲击力大，当塔式起重机超过它的独立高度时要架设附墙装置，增加塔式起重机的稳定性，以解决建筑物高度增加带来的吊装安全问题。塔式起重机应从自身安全和建筑物结构两方面考虑，附墙装置要按照塔式起重机说明书并根据拟安装附墙装置所在楼层结构情况，确定使用定型产品或单独加工专用工具式附着钢梁。

如果塔式起重机扶墙件连接部位为现浇混凝土结构，可在结构的梁、柱或剪力墙上锚固位置预留钢筋预埋件，用来附着装置固定连接。根据锚固位置的受力情况计算，局部增加配筋进行加强处理，埋设附着装置的预埋件处的混凝土强度要适当增大。如果塔式起重机扶墙件连接部位为预制结构，应在预制构件预留洞口对穿连接，并且经结构设计计算复核。如果不满足设计要求，需要进行结构加固。通常情况下可将附墙装置提前设计并应通过外窗洞口伸入建筑物，固定在现浇结构剪力墙或楼面现浇梁内。附着位置竖向距离一般为 15~20m 一道，附着位置两根杆件之间水平距离为 3~4m，附着受力要求要保持水平。附着后要求附着点以下塔身的垂直度不大于 2/1000，附着点以上垂直度不大于 3/1000。

图 4-4　塔式起重机附墙示意

3. 群塔防碰撞问题

塔式起重机位置选择应满足工作幅度能覆盖所有预制构件和相应的模板、脚手架管、钢筋的要求，相邻群塔作业应满足以相邻塔式起重机水平距离和垂直高度的规范要求，高、低塔式起重机应根据施工进度合理升节，如图4-5所示。

图 4-5 塔式起重机群塔布置

塔式起重机型号决定了塔式起重机的臂长幅度，布置塔式起重机时，起重臂应覆盖堆场构件，避免出现覆盖盲区，减少预制构件的二次搬运。对含有主楼、裙房的高层建筑，起重臂应全面覆盖主体结构部分和堆场构件存放位置，裙楼力求起重臂全部覆盖，当出现起重臂无法达到的楼边局部偏远部位时，可考虑采用汽车起重机解决裙房边角垂直运输问题，不宜盲目加大塔式起重机型号，应认真进行技术经济比较分析后确定方案。

四、自行式起重机械的选型

对于单体工程建筑总高度不高且外部造型奇特的建筑物，可以优先选择汽车起重机、履带式起重机，优点是吊机位置可灵活移动，进场出场方便。

1）装配整体式混凝土结构施工中，对于履带式起重机的选择，通常会根据施工现场环境、合同周期、建筑高度、单件构件吊运最大重量和预制构件数量、设备造价或租赁费用等因素综合考虑确定。一般情况下，在低层、多层装配式结构施工中以及单层工业厂房结构吊运安装作业中，履带式起重机得到了广泛使用。

2）当现场构件需二次倒运时，也可采用履带式起重机，其优点是移动操纵灵活，在平坦坚实的地面上能负荷行驶，对支撑面强度无特殊要求，起重机能回转360°，适用于场地不平且承载力较差的场区。其缺点是稳定性较差，不应超负荷吊装，行驶速度慢且履带易损坏路面，因而进出场和转移时多用平板拖车装运。履带式起重机选用时的主要技术参数取决于起重量、工作半径和起吊高度，常称"起重三要素"，起重三要素之间，存在着相互制约的关系。因此，履带式起重机适用于吊装一般预制构件移动就位，如预制柱、梁、剪力墙板和外墙挂板等及跨度在 $18\sim24\mathrm{m}$ 的单层厂房的相应构件。

3）一般情况下，在低层、多层装配整体式混凝土结构施工中，预制构件的吊运安装作业通常采用重型汽车式起重机，当现场构件需二次倒运时，可采用轻型汽车起重机，汽车式起重机的优点是移动灵活、进出场方便，缺点是对支撑面强度有一定要求，每次起重量有限制。

五、吊梁索具的选型

1. 可调试横吊梁

常用的吊装工具采用可调试横吊梁，如图4-6所示。可调试横吊梁常用于梁、柱、墙板、叠合板等预制构件的吊装。吊运构件时，预制构件起吊受力比较均匀，更加有利于构件的安装，校正比较合理。可调试横吊梁采用合适型号及长度的钢板、槽钢、工字钢或类似金属材料焊接而成，使用时根据被吊构件的尺寸、重量以及构件上的预留吊环位置，利用卸扣将钢丝绳和构件上的预留吊环连接。可调试横吊梁上设置有多组圆孔，无论吊装何种构件，均可通过吊装梁的圆孔连接卸扣与钢丝绳进行吊装，保证了吊装安全和吊装工效。起吊大型空间构件或薄壁构件前，应采取避免构件变形或损伤的临时加固措施。

图4-6　可调试横吊梁

2. 常用吊索具

（1）吊钩　吊钩是起重机上重要取物装置之一，要加强对吊钩的使用管理，防止吊钩损坏或折断而发生重大安全事故。吊钩按制造方法可分为锻造吊钩和片式吊钩。锻造吊钩又可分为单钩（图4-7）和双钩（图4-8），采用优质低碳镇静钢或低碳合金钢锻造而成，在装配整体式混凝土结构的预制构件吊装施工中，通常采用单钩。单钩一般用于较小起重量的吊装，双钩多用于较大起重量的吊装。

图4-7　锻造单钩图

图4-8　锻造双钩图

（2）捯链　捯链又称链式滑车、手拉葫芦。它适用于小型设备或物体的短距离吊装、拉紧缆风绳及拉紧捆绑构件的绳索等，在预制构件吊装中使用比较广泛。由于装配整体式混凝土结构吊装中塔式起重机、履带式起重机或汽车起重机只能进行初步就位，无法进行预制构件精确就位，因此捯链较普遍用于在预制构件吊装中初步就位后，由人工操作捯链使预制构件精确就位，弥补大型机械精度准确性不足的难题，如图4-9所示。

（3）钢丝绳

1）钢丝绳是起重吊装作业中重要的工具，通常由多层钢丝捻成绳股，再由多股绳股以绳芯为中心捻成，能卷绕成盘。钢丝绳是吊装中主要绳索，具有自重轻、强度高、弹性大、韧性好、耐磨、耐冲击、在高速下平稳运动且噪声小、安全可靠等特点。广泛应用

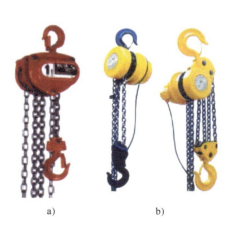

a)　　　　　　　b)

图4-9　捯链

a）手拉葫芦　b）电动葫芦

于起重机及捆绑物体的起升、牵引、缆风绳等。

2）吊装中常用的有6×19、6×37两种（其中，6表示钢丝绳有6钢股，19和37表示每一个钢股有19或37根钢丝）。6×19钢丝绳一般用作缆风绳或吊索；6×37钢丝绳一般用于穿过滑车组或用作吊索。

3）在正常情况下使用的钢丝绳不会发生突然破断，但可能会因为承受的载荷超过其极限破断力而破坏。在检查和使用中应做到使用检验合格的产品，保证其机械性能和规格符合设计要求。

4）钢丝绳使用中能承受反复弯曲和振动作用，不发生扭转，有较好的耐磨性；在使用时应保持钢丝绳表面的清洁和良好的润滑状态，并与使用环境相适应。

5）钢丝绳安全系数取值。钢丝绳的安全系数，用作手控缆风时安全系数取3.5以上，用作手动起重设备时安全系数取4.5以上，用作机动起重设备时安全系数取5~6，用作吊索时安全系数取6~7，用作吊载人的升降机时安全系数取14，必要时使用前要做受力计算。

（4）钢丝吊索　吊索又称千斤绳。吊索是由钢丝绳制成的，常常用来捆绑物体，也可用来连接吊钩、吊环或固定滑轮、卷扬机等吊装机具，因此钢丝绳的允许拉力即为吊索的允许拉力，在使用时，其拉力不应超过其允许拉力。吊索有多种形式，如图4-10所示。

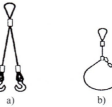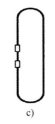

图4-10　各类吊索形式

a）软环人字钩索具　b）可调式索具

c）环形索具　d）吊环天字钩索具

（5）卸扣

1）卸扣又称为卡环，卸扣是由20号低碳合金钢锻造后经热处理制成的，是起重吊装中普遍使用的连接工具，用于吊索之间或吊索与构件吊环之间的连接，由弯环与销子两部分组成，如图4-11和图4-12所示。

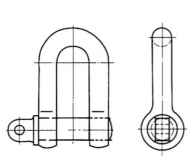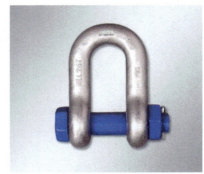

图4-11　直形卸扣

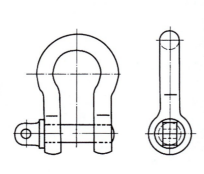

图4-12　椭圆形卸扣

2）卸扣按外形分，有直形卸扣和椭圆形卸扣；按活动销轴的形式分，有螺栓式卸扣和销子式卸扣。螺栓式卸扣的销子和弯环采用螺纹连接；销子式卸扣的孔眼元螺纹可直接抽出。螺栓式卸扣使用较多，但在柱子吊装中多采用销子式卸扣。

 **课后习题**

填空题

1. 塔式起重机按起重量大小分为_____、_____和_____三种。
2. 自行式动臂起重机主要包括_____和_____两类。

简答题

1. 汽车起重机的优缺点有哪些？
2. 起重吊装机械选择的原则是什么？
3. 简述常用吊梁、吊索具的基本类型。

任务 2　吊 装 准 备

 **任务目标**

1. 熟悉预制构件吊装前准备工作的基本内容。
2. 掌握预制构件测量放线与吊具检查的相关要求。

吊装准备工作

 **知识链接**

一、编制专项方案

装配式整体式混凝土结构施工应编制专项方案。专项施工方案宜包括工程概况、编制依据、进度计划、施工场地布置、预制构件运输与存放、安装与连接施工、绿色施工、安全管理、质量管理、信息化管理、应急预案等内容。根据装配式混凝土结构工程特点和要求，对作业人员进行技术、质量和安全交底。

施工现场应根据装配化建造方式布置施工总平面，宜规划主体装配区、构件堆放区、材料堆放区和运输通道。各个区域宜统筹规划布置，满足高效吊装、安装的要求，通道宜满足构件运输车辆平稳、高效、节能的行驶要求。竖向构件宜采用专用存放架进行存放，专用存放架应根据需要设置安全操作平台。

二、工作面测量放线

吊装前应在构件和相应的支承结构上设置中心线和标高，并应按设计要求校核预埋件及连接钢筋等的数量、位置、尺寸和标高。每层楼面轴线垂直控制点不宜少于 4 个，垂直控制点应由底层向上传递引测。每个楼层应设置 1 个高程控制点。预制构件安装位置线应由安装控制线引出，每件预制构件应设置两条安装水平位置线，如图 4-13 和图 4-14 所示。

预制墙板安装前，应在墙板上的内侧弹出竖向与水平安装线

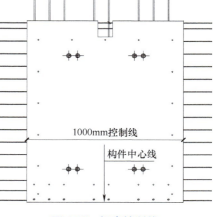

图 4-13　标高控制线

（激光弹线仪如图4-15所示），竖向与水平安装线应与楼层安装位置线相符合，采用饰面砖装饰时，相邻板与板之间的饰面砖缝应对齐。预制墙板垂直度测量，宜在构件上设置用于垂直度测量的控制点。在水平和竖向构件上安装预制墙板时，标高控制宜采用放置垫块的方法或在构件上设置标高调节件。

图4-14　水平控制线

图4-15　激光弹线仪

三、预制构件标高调整

预制剪力墙板下部20mm的灌浆缝可以用预埋螺栓或者垫片来实现，通常情况下，预制剪力墙长度小于2m的设置两个螺栓或者垫片，位置设置在距离预制剪力墙两端部500～800mm处。如果预制剪力墙长度大于2m，适当增加螺栓或者垫片数量，长度3m，可设置3个螺栓或者垫片；长度4m，可设置4个螺栓或者垫片。无论使用哪种形式，都需要使用水准仪将预埋螺栓抄平，螺栓高度误差不能超过2mm，如图4-16所示。

图4-16　吊装标高控制

四、吊索具检查

在吊装前，应选择适合的施工机具，其工作容量、生产效率等宜与建设项目的施工条件和作业内容相适应。施工机具安全防护装置应安全、灵敏且可靠。吊装设备的选择应综合考虑最大构件重量、作业半径、堆场布置、建筑物高度、人货梯、工期及现场条件等因素。吊装作业前，应检查所使用的机械、滑轮、吊具、预埋和地形等，必须符合安全要求。绑扎所用的吊索、卡环、绳扣等的规格应根据计算确定。起吊前，应对起重机钢丝绳及连接部位和吊具进行检查，如图4-17所示。

吊装设备靠近架空输电线路作业或在输电线路下行走时，应符合现行行业标准《施工现场临时用电安全技术规范》（JGJ 46—2005）和其他相关标准规定。吊装设备与架空输电线的安全距离应满足相关规范要求，必要时应对高压供电线路采取防护措施。

图 4-17　吊具检查

五、钢筋校核

由于预制剪力墙构件的竖向连接是通过套筒灌浆连接，套筒内壁与钢筋距离约为 6mm，因此，为了便于安装，在吊装预制剪力墙构件前，首先要确认工作面上甩出钢筋的位置是否准确，依据图纸使用钢筋或者角钢制作便捷的钢筋位置确认工具，将所有钢筋调整到准确的位置。为了确保钢筋位置的准确，在浇筑前一层混凝土时，可安装钢筋定位板，定位板用角钢和钢管焊接而成，如图 4-18 所示。放置定位板能够有效地控制钢筋位置的准确性。

图 4-18　钢筋定位

六、构件试吊装

吊装设备在每班开始作业时，应先试吊，确认制动器灵敏可靠后，方可进行作业，如图 4-19 所示。作业时不得擅自离岗和保养机车。装配整体式结构施工前，宜选择具有代表性的单元进行试安装，并应根据试安装结果及时调整施工工艺，完善施工方案，经建设单位或监理单位认可后，方可进行正式吊装施工。

图 4-19　构件试吊装

　　当施工单位第一次从事某种类型的装配式结构施工或采用复杂的预制构件及连接构造的装配式结构时，为保证预制构件制作、运输、装配等施工过程的可靠，建议施工前针对重点过程进行试制作和试安装，发现问题要及时解决，以减少正式施工中可能发生的问题和缺陷。

　　预制构件吊装应符合下列一般规定：

　　1）预制构件应按照吊装顺序预先编号，吊装时严格按编号顺序起吊；预制构件应按施工方案的要求吊装，起吊时吊索水平夹角不宜小于60°，且不应小于45°（图4-20）；吊点数量、位置应经计算确定，保证吊具连接可靠，应采取保证起重设备的主钩位置、吊具及构件重心在竖直方向上重合的措施；吊运过程中，应设专人指挥，操作人员应位于安全可靠位置，不应有人员随预制构件一同起吊。

　　2）起吊时，应采用慢起、稳升、缓放的操作方式，吊运过程应保持稳定，不宜偏斜、摇摆和扭转，严禁吊装构件长时间悬停在空中；开始起吊时，将构件离地面200～300mm后停止起吊，并检查起重机稳定性、制动装置可靠性、构件平衡性和绑扎牢固性等，待确认无误后，方可继续起吊（图4-20）；吊至安装平面上80～100cm处，吊装工人扶助构件，缓缓降低，将墙板与边线和端线靠拢（图4-20）。

图4-20　吊装技术参数

课后习题

填空题

1. 吊装前应在构件和相应的支承结构上设置_____和_____，并应按设计要求校核预埋件及连接钢筋等的数量、位置、尺寸和标高。

2. 装配整体式结构施工前，宜选择具有代表性的单元进行试安装，并应根据试安装结果及时调整施工工艺、完善施工方案，经_____或_____认可后，方可进行正式吊装施工。

简答题

概述预制构件测量放线与吊具检查的相关要求。

任务3　吊装作业

任务目标

1. 熟悉各种预制构件的吊装流程。
2. 能说出各个构件的吊装要求。
3. 能说出各构件吊装的注意事项。

预制构件吊装
作业（一）

知识链接

一、预制混凝土墙板的吊装作业

1. 预制墙板吊装绑扎方法及加强措施

（1）预制墙板吊装绑扎方法　预制墙板绑扎分为对称绑扎和不对称不绑扎两种，如图4-21所示。

（2）预制墙板在运输翻转吊装时的加强措施　对侧向刚度较差的预制构件，可通过对构件加临时撑杆的方法进行加固解决，如图4-22所示，撑杆与预制构件通过预埋螺母连接。在预制构件运输、翻转、吊装时支承点设置在加强撑杆上，保证预制构件在运输、翻转、吊装中不变形。

（3）预制墙板采用现场翻转的操作要求　翻转是预制墙板运输到工地堆放中必须完成的一项工作，在构件翻转时一般用4根吊索，即二长二短加二只手动葫芦，起吊前将吊索调整到相同长度，带紧吊索。将预制墙板吊离地面，然后边

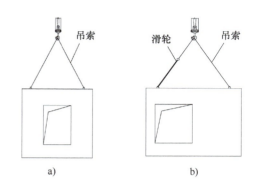

图4-21　预制墙板吊装绑扎方法
a）对称构件吊装绑扎　b）不对称构件吊装绑扎

起高预制构件边松手动葫芦，到预制墙板拎直，松去预制墙板下面带葫芦吊索，把预制墙板吊到钢架上，如图4-23所示。

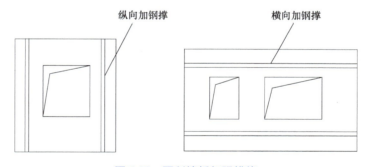

图4-22　预制墙板加强措施

2. 预制墙板吊装工艺流程及操作要点

（1）施工面清理　与现浇部分连接的墙板宜先行吊装，其他宜按照外墙先行吊装的原则进行吊装。外墙板吊装就位前，需将墙板下面的板面和钢筋表面清理干净，不得有混凝土残渣、油污、灰尘等。

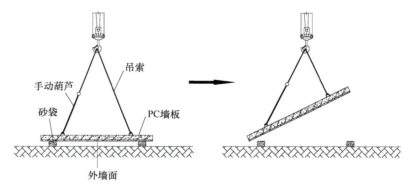

图4-23　预制构件翻转操作流程

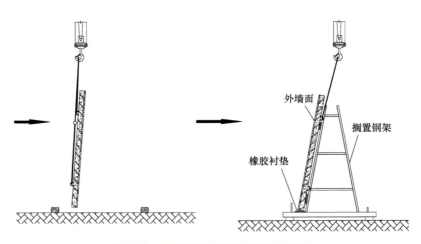

图 4-23 预制构件翻转操作流程（续）

（2）粘贴底部密封条 墙板和钢筋表面清理完成后，构件底部的缝隙要提前粘贴保温密封条，如图 4-24 所示，保温密封条采用橡塑棉条，其宽度为 40mm、厚度为 40mm，棉条用胶粘贴在下层墙板保温层的顶面之上，粘贴位置距保温层内侧不得小于 10mm。

图 4-24 粘贴底部密封条

（3）设置墙板标高控制垫片 墙板标高控制垫片设置在墙板下面，垫片厚度不同，最薄厚度为 1mm，总高度为 20mm，每块墙板在两端角部下面设置三点或四点，位置均在距离墙板外边缘 20mm 处，垫片要提前用水平仪测好标高，标高以本层板面设计结构标高 +20mm 为准，如果过高或过低可通过增减垫片数量进行调节，直至达到要求为止。

（4）墙板起吊 预制外墙板吊装时，必须使用专用吊运钢梁进行吊运；当墙板长度小于 4m 时，采用小型构件吊运钢梁；当墙板长度大于 4m 时，需采用大型构件吊运钢梁，如图 4-25 所示。起吊过程中，墙板不得与摆放架发生碰撞。

塔式起重机必须缓慢将外墙板吊起，待墙板底面升至距地面 300mm 时略作停顿，检查吊挂是否牢固，板面有无污染破损等，若有问题必须立即处理，待确认无问题后，继续提升至安装作业面。

图 4-25 墙板起吊

（5）吊装就位　墙板在距安装位置上方 100cm 左右略作停顿，施工人员可以手扶墙板，控制墙板下落方向，墙板在此缓慢下降。待到距预埋钢筋顶部 20mm 处，利用反光镜进行钢筋与套筒的对位，预制墙板底部套筒位置与地面预埋钢筋位置对准后，将墙板缓慢下降，使之平稳就位，如图 4-26 所示。

图 4-26　外墙板吊装

二、预制混凝土柱的吊装作业

1）预制混凝土柱在吊装之前，需要把结合层的浮浆和杂物清理干净，并进行相应的凿毛处理。

2）测量人员应根据图纸及楼层定位线进行放样，放出预制柱的定位线和距离柱 200mm 的定位控制线。

3）对预留的钢筋进行清理和定位，使用预先加工精确的钢筋定位框对钢筋位置和间距进行定位，调直歪斜钢筋，禁止将钢筋打弯。

4）钢筋定位完成后要对预制混凝土柱结合面的水准高度进行测量，并根据测量数据，放置适当厚度的垫片进行吊装平面的找平，如图 4-27 所示。

图 4-27　检查预留钢筋位置和结合面的水平标高

5）吊装构件前，将 U 型卡与柱顶预埋吊环连接牢固，预制柱采用两点起吊，在距离安装位置 300mm 时停止下降，如图 4-28 所示。

6）用镜子确保钢筋对孔准确，对准之后由吊装人员手扶预制柱缓慢降落，如图 4-29 所示。

图 4-28　吊装就位

图 4-29　与预留钢筋进行插接

三、预制混凝土梁的吊装作业

预制梁吊装作业工艺流程：叠合梁吊装就位→精确校正轴线标高→临时固定→支撑→松钩。其操作工艺如下：

1）检查叠合梁的编号（图4-30）、方向、吊环的外观、规格、数量、位置、次梁口位置等，选择吊装用的钢梁扁担，吊索必须与叠合梁上的吊环一一对应。

2）叠合梁吊装前梁底标高、梁边线控制线在校正完的墙体上用墨斗线弹出。

3）先吊装主梁后吊装次梁，吊装次梁前必须完成对主梁的校正，如图4-31所示。

图4-30 预制混凝土梁吊装顺序编号

图4-31 预制混凝土梁吊装

4）叠合梁搁置长度为15mm，搁置点位置使用1～10mm垫铁，叠合梁就位时其轴线控制根据控制线一次就位；同时通过其下部独立支撑调节梁底标高，待轴线和标高正确无误后将叠合梁主筋与剪力墙或梁钢筋进行点焊，最后卸除吊索。

5）一道叠合梁根据跨度大小至少需要两根或以上独立支撑，如图4-32所示。在主次叠合梁交界处主梁底模与独立支撑一次就位。

图4-32 梁下支撑

吊装过程中，需要注意的是：

1）水平构件就位的同时，应立即安装临时支撑，根据标高、边线控制线，调节临时支撑高度，控制水平构件标高。

2）临时支撑距水平构件支座处不应大于500mm，临时支撑沿水平构件长度方向间距不应大于2000mm。

四、预制混凝土楼板的吊装作业

预制混凝土楼板工艺流程：叠合板吊装就位→支撑→校正标高和搁置点长度→支撑固定和加固→松钩。

其操作工艺如下：

1）检查叠合板的编号、预留洞、接线盒的位置和数量，叠合板搁置的指针方向。叠合板构件吊装应采用慢起、快升、缓放的操作方式。

2）叠合板构件吊点必须在设计转化图标注的位置，以保持起吊平衡，吊点不得少于4个，采用钢扁担梁多点吊装，如图4-33所示。跨度小于8m可采用4点起吊，跨度大于或等于8m宜采用8点起吊，吊点位置距板边的距离为整板长的1/5~1/4。

预制构件吊装
作业（二）

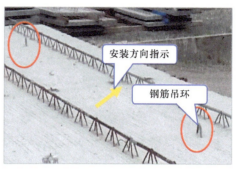

图4-33　叠合板吊点设置

3）叠合板吊装前在校正完的墙体上用墨斗线弹出标高控制线，并复核水平构件的支座标高，对偏差部位进行切割、剔凿或修补，以满足构件安装要求。

4）按照次序吊装叠合板构件，叠合板搁置长度为15mm。

5）在叠合板构件吊装就位时安装临时支撑，上、下层临时支撑要在同一位置，如图4-34所示。

图4-34　叠合板支撑

6）吊装时应先将水平构件吊离地面约500mm，检查吊索是否有歪扭或卡死现象且各吊点受力要均匀，叠合板构件在安装位置接近1000mm时，用手将构件扶稳后缓慢下降就位，如图4-35所示。

图4-35　叠合板吊装

吊装过程中，需要注意的是：

1）水平构件就位时，应立即安装临时支撑，根据标高控制线调节临时支撑高度，控制水平构件标高。

2）临时支撑距水平构件支座处不应大于500mm，临时支撑沿水平构件长度方向间距不应大于2000mm；对跨度大于等于4000mm的叠合板，板中部应加设临时支撑并起拱，起拱高度不应大于板跨的3‰。

3）叠合板临时支撑应沿板受力方向安装在板边，临时支撑上部垫板位于两块叠合板板缝中间位置，以确保叠合板底拼缝间的平整度。

五、预制混凝土楼梯的吊装作业

预制混凝土楼梯的工艺流程：预制混凝土楼梯吊装就位→校正标高和轴线位置→临时固定→支撑→松钩。其操作工艺如下：

1）预制混凝土楼梯构件吊装前检查楼梯休息平台、梁口及其标高。

2）预制混凝土楼梯构件吊装前检查预埋套筒螺丝位置、丝扣完整度、单件重量、编号等。

3）吊环螺钉与预埋套筒拧紧，调整索具铁链长度，使楼梯段休息平台处于水平位置，试吊预制楼梯板，检查吊点位置是否准确，吊索受力是否均匀等；试起吊高度不超过1m。

4）确保在起吊过程中预制梯段休息平台保持水平状态；采用可调试横吊梁均衡起吊就位，吊点必须在4个或以上，如图4-36所示。

图4-36 预制混凝土楼梯吊装

5）预制楼梯就位时，一端梯段钢筋要锚入（叠合梁）梁内，搁置长度15mm；另一端钢筋伸入休息平台内，搁置在休息平台模板上。搁置长度要准确，根据控制线用撬棍等将构件精确就位，构件要求搁置平稳。

6）安装完毕后，复核楼梯标高、梯井宽度尺寸。

吊装过程中，需要注意的是：

1）预制混凝土楼梯构件在运输过程中宜在构件与刚性搁置点处填塞柔性垫片。

2）构件安装完成后楼梯踏步口宜采用木条或粘贴铝角条保护。

3）浇筑结构节点混凝土时覆盖预制混凝土楼梯构件表面，以防污染。

六、预制混凝土阳台及空调板的吊装作业

预制混凝土阳台及空调板的工艺流程：定位放线→构件检查核对→构件起吊→预制混凝土阳台吊装就位→校正标高和轴线位置→临时固定→支撑→松钩。其操作工艺如下：

1）吊装前应检查构件的编号，检查预埋吊环、预留管道洞位置、数量、外观尺寸等。

2）标高、位置控制线已在对应位置用墨斗线弹出。

3）吊装预制空调板和阳台板时吊点位置和数量必须与设计图一致。

4）对预制悬挑构件负弯矩筋逐一伸过预留孔，预制构件就位后在其底下设置支撑，校正完毕后将负弯矩筋与室内叠合板钢筋支架进行点焊或绑扎，如图4-37所示。

吊装过程中，需要注意的是：

1）吊装空调板时，板底应采用临时支撑措施，安装人员带好安全带，搭设支撑排架，排架顶端可以调节高度，排架与号房内部排架相连。

2）空调板采用4点起吊，起吊时使用专用吊环连接空调板上预埋的接驳螺钉，空调板栏杆在底面焊接好后用砂浆抹平养护好，抓住锚固钢筋固定空调板，空调板吊起调至1.5m高处调整空调板位置再进行后续装配作业。

图4-37 预制混凝土阳台板与空调板吊装

课后习题

填空题

1. 预制构件绑扎分为_____和_____两种。

2. 对侧向刚度较差的预制构件，可通过对构件加_____方法进行加固解决。

3. 翻转是预制构件运输到工地堆放过程中必须完成的一项工作，在构件翻转时一般用_____根吊索。

简答题

1. 预制构件吊装工艺流程是什么？

2. 预制梁吊装工艺流程是什么？

3. 简述各个构件的吊装要求。

项目五
预制剪力墙结构装配施工

 项目概述

本项目针对预制混凝土剪力墙结构的装配作业进行详细阐述与讲解，分为常用预制剪力墙构件、各预制构件装配作业、套筒灌浆施工、预制外墙打胶施工、案例分析等。

 项目目标

熟悉剪力墙结构中预制构件的类型；能够说出预制构件的装配施工流程以及施工工艺要点；详细学习剪力墙吊装后的灌浆连接与打胶工艺。

任务1　剪力墙结构中的预制构件

 任务目标

1. 熟悉剪力墙结构中预制构件类型。
2. 了解不同预制构件的相关基本知识。

 知识链接

一、预制外墙板

预制外墙板按照构造体系的不同，可分为内浇外挂外墙板（PCF外墙板）、装配整体式外墙板（PC外墙板）和双面叠合墙板等，如图5-1~图5-3所示。预制外墙板宽度不宜大于3.3m，外叶墙板常规厚度不宜小于60mm，构件最大重量不宜大于5t。当预制外墙板采用夹心墙板时，外叶板厚度不应小于50mm，且外叶墙板应与内叶墙板可靠连接，夹心外墙板的夹层厚度不宜大于120mm，当作为承重墙时内叶墙板应按剪力墙进行设计。

外墙板可采用面砖反打和窗框预埋等集成技术。面砖反打是指预制外墙板和装饰瓷砖或大理石在预制构件厂一次成型，提高面砖黏结力，避免脱落。面砖在入模铺设前，

图5-1　PCF外墙板

应先将单块面砖根据构件排版图的要求分块制成面砖套件，面砖套件应在定型的套件模具中制作，因此外观横平竖直，效果美观。窗框也可以在预制构件厂中预埋，或者仅预埋附框，可有效避免窗框渗漏的质量通病，如图5-4所示。

图5-2　PC外墙板

图5-3　双面叠合剪力墙

图5-4　面砖反打和门窗预埋

预制外墙板按照保温体系的不同，可分为内保温外墙板、外保温外墙板和夹心保温外墙板（又称三明治墙板，如图5-5所示）。外保温墙板应用较广，但耐久性较差，易掉落。内保温体系的优点是做法简单，造价较低，缺点是小业主二次装修可能会破坏节能体系。预制夹心保温外墙板是集承重、围护、保温、防水、防火、装饰等功能为一体的重要装配式预制构件。

图5-5　夹心保温外墙板

装配式结构内部剪力墙也可采用预制墙板，厚度应按剪力墙进行设计确定，如图5-6所示。

图5-6　预制内墙板

预制剪力墙竖向钢筋采用套筒灌浆连接时，自套筒底部至套筒顶部并向上延伸300mm范围内，预制剪力墙的水平分布钢筋应加密，套筒上端第二道水平分布钢筋距离套筒顶部不应大于50mm，如图5-7所示。

预制剪力墙的顶部和底部与后浇混凝土的结合面应设置粗糙面；侧面与后浇混凝土的结合面应设置粗糙面，也可以设置键槽，如图5-8所示。键槽深度不宜小于20mm，宽度不宜小于深度的3倍且不宜大于深度的10倍，键槽间距宜等于键槽宽度，键槽端部斜面倾角不宜大于30°。

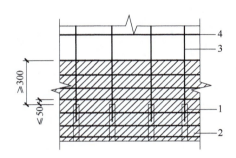

图5-7　钢筋套筒灌浆连接部位水平
分布钢筋加密构造示意图
1—灌浆套筒　2—水平分布钢筋加密区（阴影部分）
3—竖向钢筋　4—水平分布钢筋

当上下层预制剪力墙竖向钢筋采用套筒灌浆连接时，竖向分布钢筋可采用"梅花形"方式和中间单排方式两种。当竖向分布钢筋采用"梅花形"方式连接时，连接钢筋的直径不应小于12mm，同侧间距不应大于600mm，且在剪力墙构件承载力设计和分布钢筋配筋率计算中不得计入未连接的分布钢筋，如图5-9所示。未连接的竖向分布钢筋直径不应小于6mm。

a)　　　　　　　　　　　　　　b)

图5-8　预制剪力墙侧面结合面
a）键槽　b）粗糙面

当竖向分布钢筋采用中间单排连接时，剪力墙两侧竖向分布钢筋与配置于墙体厚度中部的连接钢筋搭接连接，搭接位置为内、外侧被连接钢筋的中间，其受拉承载力不应小于上下层被连接钢筋受拉承载力较大值的1.1倍，间距不宜大于300mm。下层剪力墙连接钢筋自下层预制墙顶算起的埋置长度不应小于$1.2l_{aE}+b_w/2$（b_w为墙体厚度），上层剪力墙连接钢筋自套筒顶面算起的埋置长度不应小于l_{aE}，上层连接钢筋顶部至套筒底部的长度尚不应小于$1.2l_{aE}+b_w/2$，l_{aE}按连接钢筋直径计算，如图5-10所示。

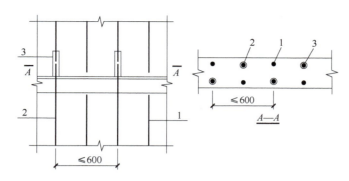

图 5-9　竖向分布钢筋"梅花形"套筒灌浆连接构造示意图

1—未连接的竖向分布钢筋　2—连接的竖向分布钢筋　3—灌浆套筒

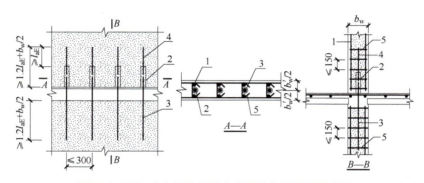

图 5-10　竖向分布钢筋单排套筒灌浆连接构造示意图

1—上层预制剪力墙竖向分布钢筋　2—灌浆套筒　3—下层剪力墙连接钢筋　4—上层剪力墙连接钢筋　5—拉筋

二、预制叠合板

装配整体式结构的楼盖宜采用叠合板形式，如图 5-11 所示。结构复杂或开洞较大的楼层、作为上部结构嵌固部位的地下室楼层宜采用现浇楼板。屋面层和平面受力复杂的楼层宜采用现浇楼盖，当采用叠合楼盖时，楼板的后浇混凝土叠合层厚度不应小于 100mm 且后浇层内应采用双向通长配筋，钢筋直径不宜小于 8mm，间距不宜大于 200mm。

图 5-11　叠合板

叠合板应按现行国家标准《混凝土结构设计规范》(GB 50010—2010)（2015 年版）进行设计，叠合板的预制板厚度不宜小于 60mm，后浇混凝土叠合层厚度不应小于 60mm。桁架钢筋应沿主要受力方向布置，桁架筋距板边不应大于 300mm，间距不宜大于 600mm。桁架钢筋弦杆钢筋直径不宜小于 8mm，腹杆钢筋直径不应小于 4mm，桁架钢筋弦杆混凝土保护层厚度不应小于 15mm。

双向叠合板板侧的整体式接缝宜设置在叠合板的次要受力方向且宜避开最大弯矩截面。接缝可采用后浇带形式。后浇带宽度不宜小于 200mm，其两侧板底纵向受力钢筋可在后浇带中焊接、搭接、弯折锚固、机械连接。预制板板底外伸钢筋分为直线形、钢筋端部 90° 弯钩、钢筋端部 135° 弯钩三种形式。钢筋搭接长度应符合现行国家标准《混凝土结构设计规范》（GB 50010—2010）（2015 年版）有关钢筋锚固长度的规定，90° 和 135° 弯钩钢筋弯后直段长度分别为 12d 和 5d（d 为钢筋直径），如图 5-12 所示。

单向叠合板板侧的分离式接缝宜配置附加钢筋，附加钢筋伸入两侧后浇混凝土叠合层的锚固长度不应小于 15d（d 为附加钢筋直径）。附加钢筋截面面积不宜小于预制板中该方向钢筋面积，钢筋直径不宜小于 6mm、间距不宜大于 250mm，如图 5-13 所示。

叠合板中桁架钢筋应沿主要受力方向布置。桁架钢筋距板边不应大于 300mm，间距不宜大于 600mm。桁架钢筋上弦杆钢筋直径不宜小于 8mm，下弦杆钢筋直径不宜小于 6mm，腹杆钢筋直径不应小于 4mm。桁架钢筋弦杆混凝土保护层厚度不应小于 15mm，如图 5-14 所示。

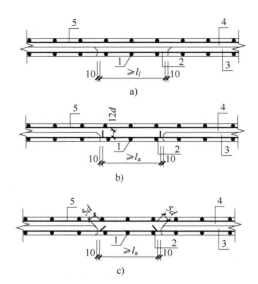

图 5-12 双向叠合板整体式接缝构造示意图
a）板底纵筋直线搭接 b）板底纵筋末端带 90° 弯钩搭接 c）板底纵筋末端带 135° 弯钩搭接
1—通长钢筋 2—纵向受力钢筋 3—预制板 4—后浇混凝土叠合层 5—后浇层内钢筋

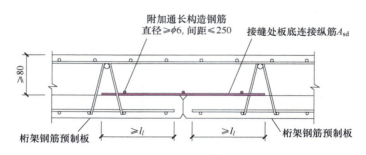

图 5-13 分离式接缝节点图

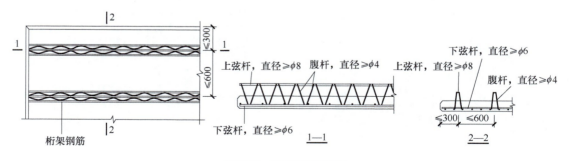

图 5-14 桁架钢筋构造

叠合板的预制板与后浇混凝土叠合层之间的结合面应设置粗糙面。粗糙面的面积不宜小于结合面的 80%，预制板的粗糙面凹凸深度不应小于 4mm，一般采用拉毛实现，如图 5-15 所示。

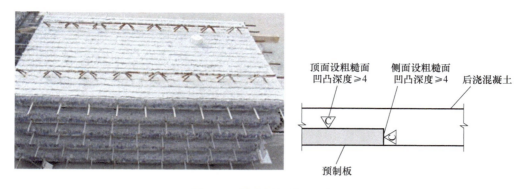

图 5-15　叠合板粗糙面设置

三、预制楼梯

楼梯主要由休息平台板、楼梯梁、楼梯段三个部分组成，通常楼梯段进行预制，如图 5-16 所示。预制楼梯在梯段板支座处采用销键连接，上端支承处为固定铰支座（图 5-17），下端支承处为滑动铰支座（图 5-18），其转动及滑动变形能力应满足层间位移的要求。预制楼梯设置滑动铰的端部应采取防止滑落的构造措施。

图 5-16　预制楼梯

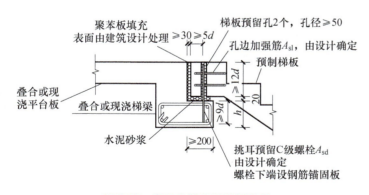

图 5-17　高端支撑为固定铰支座

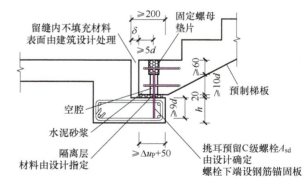

图 5-18　低端支撑为滑动铰支座

四、预制阳台板及空调板

阳台板、空调板宜采用叠合构件或预制构件。

预制阳台板（图 5-19）可分为叠合板式阳台、全预制板式阳台和全预制梁式阳台等。预制构件应与主体结构可靠连接。叠合构件的负弯矩钢筋应在相邻叠合板的后浇混凝土中可靠锚固，叠合构件中预制板钢筋的锚固应符合设计要求。预制阳台板长度不宜大于 6m，宽度不宜大于 2m，可根据建筑规范要求做反坎翻边及固定栏杆预埋件。

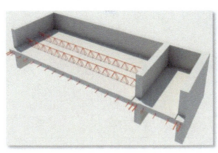

图 5-19　预制阳台板

预制空调板（图 5-20）预留负弯矩筋伸入主体结构后浇层，并与主体结构梁板钢筋可靠绑扎，浇筑成整体。负弯矩筋伸入主体结构水平长度不应小于 $1.1l_a$，其板面上的预留孔尺寸、位置、数量需与设备专业协调后，由具体设计确定。

图 5-20　预制空调板

课后习题

填空题

1. 预制外墙板的竖向连接技术可分为_____、_____和_____。

2. 装配式建筑内墙分为_____和_____。

3. 预制阳台板按结构要求可分为_____、_____和_____。

任务 2　预制构件装配作业

任务目标

1. 能说出预制墙板的施工流程与作业要点。
2. 能说出叠合板的施工流程与作业要点。
3. 能说出预制楼梯的施工流程与作业要点。
4. 能说出其他预制构件的施工流程与作业要点。

知识链接

一、预制墙板的装配作业

预制墙板的装配作业流程：预制墙板测量与校正→安装墙板定位七字码→粘贴弹性防

预制剪力墙结构
装配施工

水密封胶条→预制墙板吊装→安装斜支撑→预制墙板校正→连接钢筋绑扎→模板支设→后浇混凝土浇筑。

1）预制墙板测量与校正。楼面混凝土上强度后，清理结合面，根据定位轴线，在已施工完成的楼层板面上放出预制墙体定位边线及 200mm 控制线，并做好 200mm 控制线的标识，在预制墙体上弹出 1000mm 水平控制线，方便施工操作及墙体控制。在浇筑楼面混凝土时，预制剪力墙上部外伸钢筋应采用套板固定，如图 5-21 所示。套板中部应开孔，套板宜为钢套板。使用套板控制墙体上部预留插筋偏位时，应控制插筋根部定位、伸出长度、插筋垂直度并确保伸出钢筋表面无污染等。

图 5-21　预制墙定位线和套板固定

预制墙板下口与楼板间设计约有 20mm 缝隙（灌浆用），同时为保证墙板上下口齐平，每块墙板下部四个角部根据实测数值放置相应高度的垫片进行标高找平（图 5-22），并防止垫片移位。垫片安装应注意避免堵塞注浆孔及灌浆连通腔。

图 5-22　预制墙标高控制

2）安装墙板定位七字码（图 5-23）。七字码设置于预制墙体底部，主要用于加强预制墙体与主体结构的连接，确保灌浆和后浇混凝土浇筑时，墙体不产生位移。每块墙板应安装不少于 2 个，间距不大于 4m。七字码安装定位需注意避开预制墙板灌、出浆孔位置，以免影响灌浆作业。楼面七字码采用膨胀螺栓进行安装，安装时需与安装处楼面板预埋管线及钢筋位置、板厚等因素进行统合考虑，避免损坏、打穿、打断楼板预埋线管、钢筋、其他预埋装置等，避免打穿楼板。

例如，某项目七字码于墙板上的固定点为预埋件，而楼板面固定点为后置膨胀螺栓，只能等墙板就位后，再根据墙板上预埋件位置安装七字码，七字码起不到为构件吊装定位的作用，建议两个固定点都采用后置膨胀螺栓固定，或两个均为预埋，但七字码上的孔应适当开大，以方便调节。

3）粘贴弹性防水密封胶条（图 5-24）。外墙板因设计有企口而无法封缝，为防止灌浆时浆料外侧渗漏，墙板吊装前在预制墙板保温层部位粘贴弹性防水密封胶条。根据构件结构特点、施工环境温度条件等因素，确定采用水平缝坐浆的单套筒灌浆、水平缝联通腔封缝的多套筒灌浆、水平缝联通腔分仓封缝的多套筒灌浆

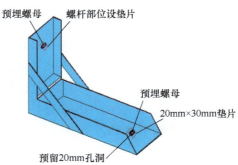

预埋螺母
螺杆部位设垫片
预埋螺母
20mm×30mm垫片
预留20mm孔洞

图 5-23　安装墙板定位七字码

等施工方案，并以实际样品构件、施工机具、灌浆材料等进行方案验证，确认后实施。

胶条安装应注意避免堵塞注浆孔及灌浆连通腔，每个分仓封缝应回合密封，与外界隔离。须保证连通腔四周的密封结构可靠、均匀，密封强度满足套筒灌浆压力的要求。特别应注意预制墙板与后浇墙体连接部位一侧的密封胶条是否安装封堵到位。

4）预制墙板吊装。预制墙板吊运至施工楼层距离楼面200mm 时，略作停顿，安装工人对着楼地面上弹好的预制墙板定位线扶稳墙板，并通过小镜子检查墙板下口套筒与连接钢筋位置是否对准，检查合格后缓慢落钩，使墙板落至找平垫片上就位放稳，如图 5-25 所示。

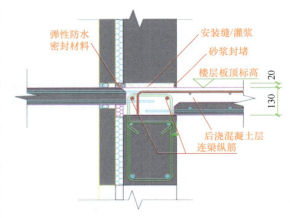

弹性防水密封材料
安装缝/灌浆
砂浆封堵
楼层板顶标高
后浇混凝土层
连梁纵筋

图 5-24　粘贴弹性防水密封胶条

图 5-25　预制墙板就位

5）安装斜支撑（图 5-26）。预制墙体安装过程应设置临时斜撑和底部限位装置。每件预制墙板安装过程的临时斜撑不宜少于 2 道，临时斜撑宜设置调节装置，支撑点位置距离板底不宜大于板高的 2/3，且不应小于板高的 1/2，每件预制墙板底部限位装置不少于 2 个，间距不宜大于 4m。临时斜撑和限位装置应在连接混凝土或灌浆料达到设计要求后拆除。当设计无具体要求时，混凝土或灌浆料达到设计强度的 75% 以上方可拆除。

斜撑采用可调节斜拉杆，以拉、压两种功能的为主，每一块预制墙板在一侧设置 2 道可调节斜拉杆，拉杆后端均牢靠固定在结构楼板上。拉杆顶部设有可调螺纹装置，通过旋转杆件可以对预制墙板顶部形成推拉作用，起到板块垂直度调节的作用。斜撑统一固定于墙体的一侧，留出过道，便于其他物品运输。待斜支撑安装完成，墙板固定后，取下吊车吊钩。

6）预制墙板校正。预制墙板拼缝校核与调整应以竖缝为主、水平缝为辅，确保预制墙板调整后标高一

图 5-26　安装斜支撑

致、进出一致、板缝间隙一致。预制墙板安装应首先确保外墙面平整，可通过楼板平面弹出的 200mm 控制线来进行墙板位置的校正，墙板就位后，若有偏差可以通过撬杠人工进行矫正。预制墙板安装的标高应通过墙底垫片控制。墙板垂直度通过靠尺杆来进行复核。每块板块吊装完成后需复核，每个楼层吊装完成后需统一复核。

在墙体的上下口基本调整完毕后，利用斜撑杆微调。在墙板预先装好的钢板环上挂好斜撑，下口拉到楼面已预埋好钢筋环。调整垂直度，其允许误差为 2mm。为防止因楼层弹线错误而导致墙板垂直度偏差过大，应在平面位置调节完毕后用托线板（辅以水平尺分别测出上下口与线锤的距离）或者靠尺进行墙体垂直度的检查，如图 5-27 所示。如发现垂直度误差超出允许范围，必须对斜撑进行微调（同时测量垂直度直到墙体垂直），若误差大，则应该对所弹出的控制线进行复合。若因墙板自身制作误差而导致垂直度误差过大，则可依据板上的弹线，适当调节下口位置，以保证墙板垂直度。在墙板定位后，将现浇墙柱连接筋锚入墙板套筒内。

图 5-27　墙板垂直度调节

7）连接钢筋绑扎。后浇混凝土施工应编制施工方案。施工方案应区分狭窄部位后浇混凝土施工、叠合板和叠合梁后浇混凝土施工、预制混凝土剪力墙板间后浇段以及预制混凝土梁柱节点的后浇混凝土施工的不同特点，进行有针对性的方案设计，并应重点注意预制构件外露钢筋和预埋件的交叉对位和封模可靠。为了保证剪力墙结构连接处钢筋绑扎符合标准要求，必须进行施工交底，按照设计和图集要求，采用合理的工序进行钢筋绑扎，如图 5-28 所示。

图 5-28　节点钢筋绑扎施工

8）模板支设。剪力墙结构现浇段施工过程中可选用木模板、铝合金模板等，应保证模板体系强度和稳定性，避免出现爆模现象。模板应保证后浇混凝土部分形状、尺寸和位置准确。模板与预制构件接缝处应采取防漏浆的措施，可粘贴密封条。节点模板支设如图5-29所示。

图 5-29　节点模板支设

9）后浇混凝土浇筑。装配式混凝土结构的后浇混凝土部位在浇筑前应进行隐蔽工程验收，清除浮浆、松散骨料和污物，并应采取湿润的技术措施。后浇混凝土连接应一次连续浇筑密实。混凝土浇筑和振捣应采取措施防止模板、相连接构件、钢筋、预埋件及其定位构件移位。

二、预制叠合楼板的装配作业

预制叠合楼板装配作业流程：弹控制线→排架搭设→叠合板安装→叠合板摘钩和校正→管线预埋和面钢筋绑扎→叠合层混凝土浇筑。

1）弹控制线。根据结构平面布置图，放出定位轴线及叠合楼板定位控制边线，做好控制线标识。

2）排架搭设（图5-30）。预制楼板安装采用临时支撑。首层支撑架体的地基应平整坚实，宜采取硬化措施。临时支撑应根据设计要求设置，多层建筑中各层竖撑宜设置在一条竖直线上。支撑最大间距不得超过1.8m。支撑顶面标高应考虑支撑本身的施工变形，当跨度达于4m时适当起拱，并应控制相邻板底的平整度。后浇混凝土强度达到设计要求后，方可拆除下部临时支撑及进行上部楼板的安装。

图 5-30　排架搭设

3）叠合板安装。安装叠合板前，应测量并修正临时支撑标高，确保与板底标高一致。叠合楼板吊装至楼面500mm时，停止降落，操作人员稳住叠合楼板，参照墙顶垂直控制线和下层板面上的控制线，引导叠合楼板缓慢降落至支撑上方，调整叠合楼板位置，根据板底标高控制线检查标高，如图5-31所示。

4）叠合板摘钩和校正。待构件稳定后，方可进行摘钩和校正。根据预制墙体上弹出的水平控制线及竖

图 5-31　叠合板安装

向楼板定位控制线，校核叠合楼板水平位置及竖向标高情况。通过调节竖向独立支撑，确保叠合楼板满足设计标高及质量控制要求。通过撬棍调节叠合楼板水平定位，确保叠合楼板满足设计图纸水平定位及质量控制要求。

当叠合板板底接缝高差不满足设计要求时，应将构件重新起吊，通过可调托座进行调节。调整完成后应检查楼板吊装定位是否与定位控制线存在偏差。采用铅垂和靠尺进行检测，如偏差仍超出设计及质量控制要求，或偏差影响到周边叠合梁、叠合楼板的吊装，应对该叠合楼板进行重新起吊落位，直到通过检验为止。

5）管线预埋和面钢筋绑扎。叠合板部位的机电线盒和管线根据深化设计图纸要求，布设机电管线，如图 5-32 所示。待机电管线铺设完毕清理干净后，根据叠合板上方的钢筋间距控制线进行钢筋绑扎，如图 5-33 所示，保证钢筋搭接和间距符合设计要求。同时利用叠合板桁架钢筋作为上部钢筋的马凳，确保上部钢筋的保护层厚度。

图 5-32　管线预埋　　　　　　　　　　　　　　　图 5-33　钢筋绑扎

6）叠合层混凝土浇筑。待钢筋隐检合格、叠合面清理干净后，浇筑叠合板混凝土。对叠合板面进行认真清扫，并在混凝土浇筑前进行湿润。叠合板混凝土浇筑时，为了保证叠合板及支撑受力均匀，混凝土浇筑采取从中间向两边浇筑，连续施工，一次完成（图 5-34）。同时使用平板振动器振捣，确保混凝土振捣密实。混凝土浇筑应布料均衡，浇筑和振捣时，应对模板及支架进行观察和维护，发生异常情况应及时处理。浇筑完成后铺设薄膜养护（图 5-35）。根据楼板标高控制线控制板厚，浇筑时采用 2m 刮杠将混凝土刮平，随即进行混凝土收面及收面后拉毛处理。混凝土浇筑完毕后立即进行塑料薄膜养护，养护时间不得少于 7 天。

三、预制混凝土楼梯的装配作业

预制混凝土楼梯的装配作业流程：安装准备→弹出控制线并复核→楼梯上下口做水泥砂浆找平层→楼梯板起吊→楼梯板就位、校正→固定→连接灌浆→检查验收。

图 5-34　混凝土浇筑

图 5-35　薄膜养护

1. 预制楼梯安装（图 5-36）

根据施工图纸，弹出楼梯安装控制线，对控制线及标高进行复核。楼梯侧面距结构墙体预留 10mm 孔隙，为后续塞防火岩棉预留空间。安装之前，在梯段上下口梯梁处设置两组 20mm 垫片并抄平。采用水平尺校验预制楼梯是否水平，偏差处采用薄铁垫片稍作调整。通过大量实践证明，预制楼梯制作精度较高，现浇梯段梁表面平整度若无偏差，预制楼梯吊装后基本无偏差。预制楼梯采用预留锚固钢筋方式时，应先放置预制楼梯，再与现浇梁或板浇筑连接成整体。预制楼梯与现浇梁或板之间采用预埋件焊接连接方式时，应先施工现浇梁或板，再搁置预制楼梯进行焊接连接。

图 5-36　预制楼梯安装

2. 灌浆施工

楼梯板安装完成并检查合格后，在预制楼梯板与休息平台连接部位采用灌浆料进行灌浆，灌浆要求从楼梯板的一侧向另外一侧灌注，待灌浆料从另一侧溢出后表示灌满，如图 5-37 所示。要及时进行灌浆料施工，以免给后续工序造成不必要的垃圾清理。施工前，清扫孔洞，不得有碎石、浮浆、灰尘、油污和脱模剂等杂物。预制楼梯与两侧墙体的缝隙为 20mm 左右，通常采用防火保温板填塞。在吊装前预制楼梯采用多层板钉成整体踏步台阶形状保护踏步面不被损坏，并且将楼梯两侧用多层板固定以做保护。

图 5-37　预制楼梯灌浆

四、预制混凝土其他构件的装配作业

预制空调板或阳台板的装配作业流程：安装准备→弹出控制线并复核→支撑施工→起吊→就位。

1. 预制空调板的装配作业

预制空调板等悬挑构件安装前应设置支撑架，防止构件倾覆。施工过程中，应连续两层设置支撑架；待上一层预制空调板结构施工完成后，并与连接部位的主体结构（梁、墙/柱）混凝土强度达到100%设计强度，并应在装配式结构能达到后续施工承载要求后，才可以拆除下一层支撑架。上下层支撑架应在一条竖直线上，临时支撑的悬挑部分不允许有施工堆载。

在空调板安装槽内下、左、右三侧粘贴好聚乙烯泡沫条，防止漏浆。空调板有锚固筋一侧与预制外墙板内侧对齐，使空调板预埋连接孔与空调竖向连接板对齐，安装空调板竖向连接板的连接锚栓，并拧紧牢靠。通过调节顶托配合水平尺确定空调板安装高度和水平度，用水平尺测量是否水平，标高允许偏差值为+5mm，空调板安装好后拆除专用吊具，如图5-38所示。

图 5-38　预制空调板装配

2. 预制阳台板的装配作业（图5-39）

预制阳台板在吊装前检查支撑搭设是否牢固，并对标高、控制线进行复核。预制阳台板的施工荷载不得超过楼板的允许荷载值。阳台板吊装完成后，不得集中堆放重物，施工人员不得集中站人，不得在阳台上蹦跳、重击，以免造成阳台板损坏。

阳台板吊装过程中，在作业层上空300mm处略作停顿，根据阳台板位置调整阳台板方向进行定位。阳台板基本就位后，根据控制线利用撬棍微调，校正阳台板。预留锚固筋应伸入现浇结构内，并应与现浇混凝土结构连成整体。支撑架应在结构楼层混凝土强度等级达到设计要求时，方可拆除。

a)　　　　　　　　　　　　　　　　b)

图 5-39　预制阳台装配

a) 叠合阳台板安装　b) 整体式阳台板安装

课后习题

填空题

1. 灌浆前____h表面充分浇水湿润，灌浆前____h应吸干积水。砂浆封堵____min后可开始进行灌浆作业，采用机械灌浆。

2. 同一分仓要求注浆连续进行，每次拌制的浆料需在____min内用完。

3. 竖向钢筋套筒灌浆连接，灌浆应采用压浆法从灌浆套筒_____注入。

4. 竖向钢筋套筒灌浆连接采用连通腔灌浆时，宜采用_____的方式。

5. 模板拆除：待浇筑混凝土强度达到设计强度的_____可将模板拆除。

6. 预制叠合楼板起吊时采用平衡钢梁均衡起吊，吊钩钢丝绳与叠合板水平面夹角不宜小于_____。

7. 楼梯装配是最后一道工序。装配之前，在梯段上下口梯梁处，设置两组_____mm垫片并抄平。

8. 预制楼梯与现浇梁或板之间采用预埋件焊接连接方式时，应先施工现浇梁或板，再搁置预制楼梯进行_____连接。

简答题

1. 简述预制墙板的施工流程与作业要点。

2. 简述叠合板的施工流程与作业要点。

3. 简述预制楼梯的施工流程与作业要点。

任务3 剪力墙套筒灌浆施工

任务目标

1. 熟悉套筒灌浆连接技术的基本原理及分类。
2. 熟悉套筒灌浆施工的基本流程与注意要点。
3. 了解套筒灌浆施工验收的主要内容。

套筒灌浆施工

知识链接

一、灌浆套筒连接技术

钢筋灌浆套筒连接技术（图5-40）是指带肋钢筋插入内腔为凹凸表面的灌浆套筒，通过向套筒与钢筋的间隙灌注专用高强水泥基灌浆料，灌浆料凝固后将钢筋锚固在套筒内实现针对预制构件的一种钢筋连接技术。该技术是预制构件中受力钢筋连接的主要形式，主要用于预制墙板、预制梁和预制柱的受力钢筋连接。

二、灌浆套筒

灌浆套筒是灌浆连接的关键连接件，是灌浆连接的有形载体，一般由球墨铸铁或优质碳素结构钢铸造而成，其形状大多为圆柱形或纺锤形。套筒按加工方式分为铸造套筒和机械加工套筒。机械加工套筒又细分为车削加工、挤压（滚压）成型加工、锻造加工或上述方式的复合加工等，如图5-41所示。球墨铸铁套筒和钢制套筒的材料参数分别见表5-1和表5-2。灌浆套筒灌浆段最小内径与连续钢筋公称直径差最小值见表5-3。

图 5-40　灌浆套筒连接技术

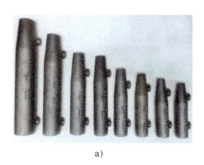

a)	b)	c)

图 5-41　常见套筒

a）球墨铸铁套筒　b）切削加工钢制套筒　c）滚压成型加工钢制套筒

表 5-1　球墨铸铁套筒的材料参数

项目	性能指标
抗拉强度 σ_b/MPa	≥550
断后伸长率 δ_s（%）	≥5
球化率（%）	≥85
硬度/HBW	180～250

表 5-2　钢制套筒的材料参数

项目	性能指标
屈服强度 σ_s/MPa	≥355
抗拉强度 σ_b/MPa	≥600
断后伸长率 δ_s（%）	≥16

表 5-3　灌浆套筒灌浆段最小内径尺寸要求

钢筋直径/mm	套筒灌浆段最小内径与连续钢筋公称直径差最小值/mm
12～25	10
28～40	15

　　套筒按结构形式分为半灌浆套筒和全灌浆套筒。一般而言，预制剪力墙和预制柱的竖向钢筋连接多采用半灌浆套筒，水平向预制梁的水平钢筋连接采用全灌浆套筒。

全灌浆套筒（图 5-42）胶塞塞入套筒左端（预装端），将钢筋从胶塞孔内插入，插入深度按不同型号钢筋连接要求确定。插到设计深度后连同其他钢筋绑扎成型放入构件模具。将套筒右端（现场安装端）对准模板上安装的配套工装并平贴边模板。在灌浆口和排气口安装波纹管，并将波纹管用配套磁性吸盘定位工装定位，浇筑混凝土成型。构件安装时，将灌浆套筒的开口端对准并套装在下层墙板伸出的钢筋上，封仓或坐浆后从灌浆口注入配套灌浆料，灌浆料从排气孔溢出时封堵排气孔及灌浆孔，待灌浆料达到一定强度后纵向钢筋被连接成整体。全灌浆套筒尺寸见表 5-4。

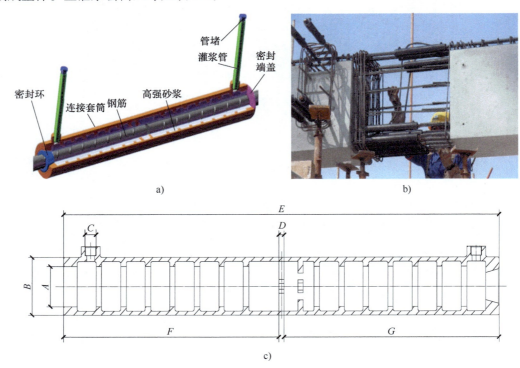

a) b)

c)

图 5-42 全灌浆套筒

a）全灌浆套筒组装示意图 b）全灌浆套筒实物图 c）全灌浆套筒尺寸图

表 5-4 全灌浆套筒尺寸

规格	套筒尺寸					钢筋插入长度			
	A	B	C	D	E	F_{max}	F_{min}	G_{max}	G_{min}
GT16	38	54	M20×1.5	8	250	121	105	121	105
GT20	46	62	M20×1.5	8	290	141	121	141	121
GT25	48	67	M20×1.5	10	320	155	130	155	130
GT28	51	70	M20×1.5	10	380	185	157	185	157
GT32	55	75	M20×1.5	10	430	210	178	210	178
GT36	60	81	M20×1.5	10	470	230	194	230	194
GT40	70	94	M20×1.5	10	630	310	270	310	270
GT50	83	115	M20×1.5	15	840	412.5	362.5	412.5	362.5

半灌浆套筒（图 5-43）将钢筋一端按技术要求加工好螺纹后拧入灌浆套筒的丝口端，绑扎成型后放入构件模具，在灌浆口和排气口上套装波纹管，并将波纹管用配套磁性吸盘定位工装定位，浇筑混凝土成型。构件安装时，将灌浆套筒的开口端对准并套装在下层墙板伸出的钢筋上，封仓或坐浆后从灌浆口注入配套灌

浆料，灌浆料从排气孔溢出时封堵排气孔及灌浆孔，待灌浆料达到一定强度后纵向钢筋被连接成整体。半灌浆套筒尺寸见表5-5。

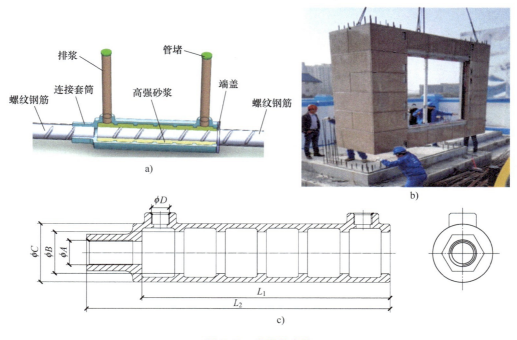

图5-43 半灌浆套筒

a）半灌浆套筒组装示意图 b）半灌浆套筒实物图 c）半灌浆套筒尺寸图

表5-5 半灌浆套筒尺寸

规格	ϕA	ϕB	ϕC	ϕD	L_1	L_2
GTB16	M16.5×2.5	38	54	M20×1.5	145	195
GTB20	M20.5×2.5	46	62	M20×1.5	145	195
GTB25	M25.5×3	48	67	M20×1.5	160	220
GTB28	M28.5×3	51	70	M20×1.5	190	250
GTB32	M32.5×3	55	75	M20×1.5	215	275
GTB36	M36.5×3	60	81	M20×1.5	235	295
GTB40	M40.5×3	70	94	M20×1.5	315	380
GTB50	M50.5×3	83	115	M20×1.5	420	480

三、灌浆料

灌浆料是以水泥为基本材料，配以适当的细骨料以及少量的混凝土外加剂和其他材料组成的干混料，加水搅拌后具有大流动度、早强、高强、微膨胀等性能，可分为常温型和低温型两类，分别简称为常温型套筒灌浆料和低温型套筒灌浆料。

灌浆料进场时，应按规定随机抽取灌浆料进行性能检验。施工现场灌浆料宜存储在室内，并应采取有效的防雨、防潮、防晒措施。灌浆料的基本强度要求为28d强度不小于85MPa，应完成包括型式检验在内的所有试验。套筒灌浆料技术性能参数见表5-6。

表 5-6　套筒灌浆料技术性能参数

检测项目		性能指标
流动度	初始	≥300mm
	30min	≥260mm
抗压强度	1d	≥35MPa
	3d	≥60MPa
	28d	≥85MPa
竖向膨胀率	3h	≥0.02%
	24h 与 3h 差值	0.02%~0.5%
氯离子含量		≤0.03%
泌水率		0%

四、套筒灌浆施工

套筒灌浆是装配式施工中的重要环节，是确保竖向结构可靠连接的过程，其施工品质直接影响建筑物的结构安全。因此，施工时必须特别重视。套筒灌浆的施工步骤为：灌浆孔检查→灌浆腔密封→灌浆施工准备→制备接头浆料→检查接头浆料→压入灌浆→灌浆料外溢→停止注浆→塞住橡塞灌浆料→拆除构件上灌浆排浆管封堵→终检。灌浆料施工如图 5-44 所示。

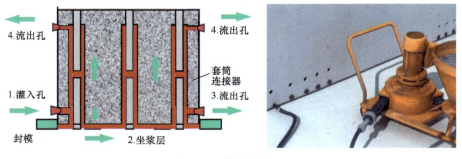

图 5-44　灌浆料施工

1. 灌浆前准备工作

检查灌浆孔的目的是为了确保灌浆套筒内畅通，没有异物。套筒内不畅通会导致灌浆料不能充满套筒，造成钢筋连接不符合要求。检查方法如下，使用细钢丝从上部灌浆孔伸入套筒，如从底部可伸出，并且从下部灌浆孔可看见细钢丝，即畅通。如果钢丝无法从底部伸出，说明里面有异物，需要清除异物直到畅通为止。灌浆前应清理干净并润湿构件与灌浆料的接触面，保证无灰渣、无油污、无积水，如图 5-45 所示。

图 5-45　套筒清理和润湿

根据现场经验分仓距离宜为 1.5m，分仓距离过小易造成灌浆时密封舱内压力过大将坐浆料长裂或挤出，分仓距离过大可能会造成密封舱内浆料不密实。

2. 底部封堵

底部封堵是套筒灌浆的关键环节。底部封堵的作业流程：搅拌浆料→放置与接缝相应尺寸的钢筋→塞实接缝→内墙抹压坐浆料成一个倒角，外边垂直处抹平→缓慢抽出钢筋→养护 24h（温度较低时养护时间适当增加）。封堵料不同于灌浆料，其材料技术性能参数见表 5-7。

表 5-7　封堵料技术性能参数

密封砂浆检验项目		性能指标
下垂度	90s	≤50mm
侧向变形度	90s	≤3.0%
抗压强度	1d	≥10MPa
	3d	≥25MPa
	28d	≥45MPa
黏结强度		≥0.5MPa
竖向自由膨胀率	24h	0.01%～0.1%
泌水率		0%

先将预制墙吊装到底部构件地梁上，调整预制构件的水平、竖向位置直至符合要求，用四根钢筋作为坐浆料封堵模具塞入构件与地梁的 20mm 水平缝中。一般情况下钢筋的外缘与构件外缘距离不小于 15mm（用直尺测量）。将密封材料灌入专用填缝枪中待用。为防止密封砂浆坠滑，在墙底部架空层中放入一根 L 形钢条（也可用塑棒或木条替代）。用填缝枪沿柱子、墙体外侧下端架空层自左往右注入密封砂浆，并用抹刀刮平砂浆。局部密封完成后，轻轻抽动钢条沿柱、墙底边向另一端移动，直至柱、墙另一端架空层也被密封，捏住钢条短边转动一定角度轻轻抽出。检查柱、墙四周的密封，若发现有局部坠滑现象或孔洞应及时用密封砂浆修补。密封处理完成后，夏季 12h、冬季 24h，即可进行钢筋连接灌浆施工。预制外墙底部封堵如图 5-46 所示。

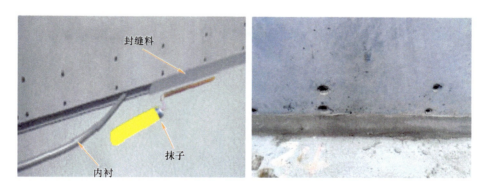

图 5-46　预制外墙底部封堵

3. 灌浆料搅拌与施工

灌浆施工流程：拌制灌浆料→现场流动度检测→采用机械灌浆→封堵→半小时左右检查灌浆情况→存在灌浆不密实情况采用手动二次灌浆→封堵并记录。

灌浆前应首先测定灌浆料的流动度，使用专用搅拌设备搅拌砂浆，之后倒入圆截锥试模，进行振动排出气体，提起圆截锥试模，待砂浆流动扩散停止，测量两方向扩展度，取平均值，要求初始流动度大于等于 300mm，30min 流动度大于等于 260mm。加料后开动灌浆泵，控制灌浆料流速在 0.8～1.2L/min。有灌浆料从压力软管中流出时，插入灌浆孔。当有灌浆料从溢浆孔溢出些许后，用橡皮塞堵住溢浆孔，直至所有钢套管中灌满灌浆料，停止灌浆，如图 5-47 所示。灌浆时需要制作灌浆料抗压强度同条件试块两组，试件尺寸采用 40mm×40mm×160mm 的棱柱体。

灌浆采用压力泵，待浆料由下端靠中部灌浆孔注入，随着其余套筒出浆孔有均匀浆液流出，及时用配套橡胶塞封堵。灌浆结束后，同等条件养护强度达到 35MPa，待灌浆料达到设计强度后拆模。拆模后灌浆孔和螺栓孔用砂浆进行填实。

图 5-47　灌浆料搅拌与灌浆施工

套筒灌浆施工人员灌浆前必须经过专业灌浆培训，经过培训并且考试合格后方可进行灌浆作业。套筒灌浆前灌浆人员必须填写套筒灌浆施工报告书。灌浆作业的全过程要求监理人员必须进行现场旁站。通常情况下，采用端处底部一个口为灌浆口，其余均为出浆口，那么灌浆时应依次封堵已排出水泥砂浆的灌浆或排浆孔，直至封堵完所有接头的排浆孔，如图 5-48 所示。

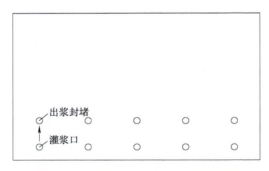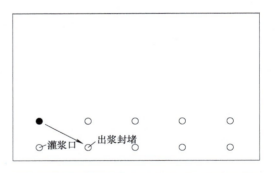

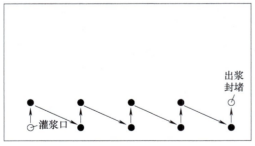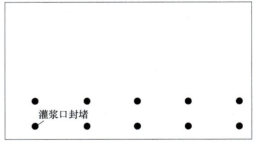

图 5-48　出浆封堵

钢筋套筒灌浆施工前，应和监理单位联合对灌浆准备工作、实施条件、安全措施等进行全面检查，应重点核查套筒内连接钢筋长度及位置、坐浆料强度、接缝分仓、分仓材料性能、接缝封堵方式、封堵材料性能、灌浆腔连通情况等是否满足设计及规范要求。每个班组每天灌浆施工前应签发一份灌浆令（表 5-8），灌浆令由施工单位项目负责人和总监理工程师同时签发，取得后方可进行灌浆。

表 5-8　灌浆令表格

工程名称										
灌浆施工单位										
灌浆施工部位										
灌浆施工时间	自　　年　　月　　日　　时起至　　年　　月　　日　　时止									
灌浆施工人员	姓名		考核编号			姓名		考核编号		
工作界面完成检查及情况描述	界面检查	套筒内杂物、垃圾是否清理干净						是 □　否 □		
		灌浆孔、出浆孔是否完好、整洁						是 □　否 □		
	连接钢筋	钢筋表面是否整洁、无锈蚀						是 □　否 □		
		钢筋的位置及长度是否符合要求						是 □　否 □		
	分仓及封者	封堵材料：					封堵是否密实：是 □　否 □			
		分仓材料：					是否按要求分仓：是 □　否 □			
	通气检查	是否通畅： 不通畅预制构件编号及套筒编号：								
灌浆准备工作情况描述	设备	设备配置是否满足灌浆施工要求：						是 □　否 □		
	人员	是否通过考核：						是 □　否 □		
	材料	灌浆料品牌：					检验是否合格：是 □　否 □			
	环境	温度是否符合灌浆施工要求：						是 □　否 □		
审批意见	上述条件是否满足灌浆施工条件， 同意灌浆 □						不同意，整改后重新申请 □			
	项目负责人				签发时间					
	总监理工程师				签发时间					

注：本表由专职检查人员填写。　　　　　　　专职检验人员：　　　　　　　　　　　　日期：

　　灌浆项目部应设立专职检验人员，对钢筋套筒灌浆施工进行监督并记录（表 5-9），并配合好监理进行旁站记录。灌浆施工时应对钢筋套筒灌浆施工进行全过程视频拍摄，该视频作为工程施工资料留存。视频内容必须包含：灌浆施工人员、专职检验人员、旁站监理人员、灌浆部位、预制构件编号、套筒顺序编号、灌浆出浆完成等情况。视频格式宜采用常见数码格式。视频文件应按楼栋编号分类归档保存，文件名包含楼栋号、楼层数、预制构件编号。视频拍摄以一个构件的灌浆为段落，应定点连续拍摄。

4. 套筒灌浆验收

　　（1）预制构件进场验收　预制构件进场时应验收质量证明文件，包括：套筒灌浆接头型式检验报告、套筒进场外观检验报告、第一批灌浆料进场验收报告、接头工艺检验报告和套筒进场接头力学性能检验报告等。

　　（2）型式检验报告核查　施工前及工程验收时均应核查型式检验报告，应由接头提供单位提交所有规格接头的有效型式检验报告；型式检验报告应在 4 年有效期内，可按灌浆套筒进厂（场）日期确定。型式检验报告的内容应符合表 5-10 和表 5-11 的规定，并与现场灌浆套筒、灌浆料应用情况一致。

表 5-9　钢筋套筒灌浆施工记录表

工程名称：　　施工时间：　　灌浆日期：　　年　月　日　天气状况：　　灌浆环境温度：　　℃

<table>
<tr><td rowspan="4">浆料搅拌</td><td colspan="11">批次　　；干粉用量：　　kg；水用量：　　kg；　　搅拌时间：　　；施工员：</td></tr>
<tr><td colspan="11">试块留量：是 □ 否 □；组数：　　组（每组 3 个）：　　规格：40mm×40mm×160mm（长×宽×高）：</td></tr>
<tr><td colspan="11">流动度：　　mm</td></tr>
<tr><td colspan="11">异常现象记录：</td></tr>
<tr><td>楼号</td><td>楼层</td><td>构件名称及编号</td><td>灌浆孔号</td><td>开始时间</td><td>结束时间</td><td>施工员</td><td>异常现象记录</td><td>是否补灌</td><td colspan="2">有无影像资料</td></tr>
<tr><td></td><td></td><td></td><td></td><td></td><td></td><td></td><td></td><td></td><td colspan="2"></td></tr>
<tr><td></td><td></td><td></td><td></td><td></td><td></td><td></td><td></td><td></td><td colspan="2"></td></tr>
<tr><td></td><td></td><td></td><td></td><td></td><td></td><td></td><td></td><td></td><td colspan="2"></td></tr>
<tr><td></td><td></td><td></td><td></td><td></td><td></td><td></td><td></td><td></td><td colspan="2"></td></tr>
<tr><td></td><td></td><td></td><td></td><td></td><td></td><td></td><td></td><td></td><td colspan="2"></td></tr>
<tr><td></td><td></td><td></td><td></td><td></td><td></td><td></td><td></td><td></td><td colspan="2"></td></tr>
<tr><td></td><td></td><td></td><td></td><td></td><td></td><td></td><td></td><td></td><td colspan="2"></td></tr>
<tr><td></td><td></td><td></td><td></td><td></td><td></td><td></td><td></td><td></td><td colspan="2"></td></tr>
<tr><td></td><td></td><td></td><td></td><td></td><td></td><td></td><td></td><td></td><td colspan="2"></td></tr>
<tr><td></td><td></td><td></td><td></td><td></td><td></td><td></td><td></td><td></td><td colspan="2"></td></tr>
</table>

注：1. 灌浆开始前，应对各灌浆孔进行编号；　　　　　　　　　　　专职检验人员：　　　　　日期：

2. 灌浆施工时，环境温度超过允许范围应采取措施；

3. 浆料搅拌后须在规定时间内灌注完毕；

4. 灌浆结束应立即清理灌浆设备。

表 5-10　钢筋套筒灌浆连接接头试件型式检验报告（全灌浆套筒连接基本参数）

<table>
<tr><td colspan="2">接头名称</td><td></td><td>送检日期</td><td colspan="4"></td></tr>
<tr><td colspan="2">送检单位</td><td></td><td>试件制作地点/日期</td><td colspan="4"></td></tr>
<tr><td rowspan="6">接头试件基本参数</td><td rowspan="6">连接件示意图（可附页）</td><td></td><td>钢筋牌号</td><td colspan="4"></td></tr>
<tr><td></td><td>钢筋公称直径/mm</td><td colspan="4"></td></tr>
<tr><td></td><td>灌浆套筒品牌、型号</td><td colspan="4"></td></tr>
<tr><td></td><td>灌浆套筒材料</td><td colspan="4"></td></tr>
<tr><td></td><td>灌浆料品牌、型号</td><td colspan="4"></td></tr>
<tr><td colspan="6" style="text-align:center">灌浆套筒设计尺寸/mm</td></tr>
<tr><td colspan="2" style="text-align:center">长度</td><td colspan="2" style="text-align:center">外径</td><td style="text-align:center">钢筋插入深度（短端）</td><td style="text-align:center">钢筋插入深度（长端）</td></tr>
<tr><td colspan="2"></td><td colspan="2"></td><td></td><td></td></tr>
<tr><td colspan="6" style="text-align:center">接头试件实测尺寸</td></tr>
<tr><td rowspan="2">试件编号</td><td rowspan="2" colspan="2">灌浆套筒外径/mm</td><td rowspan="2" colspan="2">灌浆套筒长度/mm</td><td colspan="2">钢筋插入深度/mm</td><td rowspan="2">钢筋对中/偏置</td></tr>
<tr><td>短端</td><td>长端</td></tr>
<tr><td>No. 1</td><td colspan="2"></td><td colspan="2"></td><td></td><td></td><td></td></tr>
<tr><td>No. 2</td><td colspan="2"></td><td colspan="2"></td><td></td><td></td><td></td></tr>
<tr><td>No. 3</td><td colspan="2"></td><td colspan="2"></td><td></td><td></td><td></td></tr>
<tr><td>No. 4</td><td colspan="2"></td><td colspan="2"></td><td></td><td></td><td></td></tr>
<tr><td>No. 5</td><td colspan="2"></td><td colspan="2"></td><td></td><td></td><td></td></tr>
<tr><td>No. 6</td><td colspan="2"></td><td colspan="2"></td><td></td><td></td><td></td></tr>
</table>

（续）

试件编号	灌浆套筒外径/mm		灌浆套筒长度/mm	钢筋插入深度/mm		钢筋对中/偏置
				短端	长端	
No. 7						
No. 8						
No. 9						
No. 10						
No. 11						
No. 12						

灌浆料性能								
每10kg 灌浆料加 水量/kg	试件抗压强度量测值/（N/mm²）							合格指标/（N/mm²）
	1	2	3	4	5	6	取值	
评定结论								

表 5-11　钢筋套筒灌浆连接接头试件型式检验报告（半灌浆套筒连接基本参数）

接头名称		送检日期	
送检单位		试件制作地点/日期	
接头试件 基本参数	连接件示意图（可附页）	钢筋牌号	
		钢筋公称直径/mm	
		灌浆套筒品牌、型号	
		灌浆套筒材料	
		灌浆料品牌、型号	

灌浆套筒设计尺寸/mm			
长度	外径	灌浆端钢筋插入深度	机械连接端类型
机械连接端基本参数			
接头试件实测尺寸			

试件编号	灌浆套筒外径/mm		灌浆套筒长度/mm	灌浆端钢筋插入深度/mm	钢筋对中/偏置
No. 1					
No. 2					
No. 3					
No. 4					
No. 5					
No. 6					
No. 7					
No. 8					

（续）

试件编号	灌浆套筒外径/mm		灌浆套筒长度/mm	灌浆端钢筋插入深度/mm	钢筋对中/偏置
No.9					
No.10					
No.11					
No.12					

灌浆料性能								
每10kg灌浆料加水量/kg	试件抗压强度量测值/（N/mm²）							合格指标/（N/mm²）
	1	2	3	4	5	6	取值	
评定结论								

（3）灌浆料进场验收　灌浆料进场时，应对灌浆料拌合物 30min 流动度（图 5-49）、泌水率及 3d 抗压强度、28d 抗压强度、3h 竖向膨胀率、24h 与 3h 竖向膨胀率差值进行检验，检验结果应符合表 5-6 的规定。检查数量：同一成分、同一批号的灌浆料，以不超过 50t 为一批，每批按现行行业标准《钢筋连接用套筒灌浆料》（JG/T 408—2019）的有关规定随机抽取灌浆料制作试件。检验方法：检查质量证明文件和抽样检验报告。

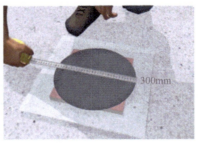

图 5-49　流动度检测

（4）接头工艺检验　灌浆施工前，应对不同钢筋生产企业的进场钢筋进行接头工艺检验。施工过程中，当更换钢筋生产企业，或同生产企业生产的钢筋外形尺寸与已完成工艺检验的钢筋有较大差异时，应再次进行工艺检验。接头工艺检验应符合下列规定：

1）灌浆套筒埋入预制构件时，工艺检验应在预制构件生产前进行；当现场灌浆施工单位与工艺检验的灌浆单位不同时，灌浆前应再次进行工艺检验。

2）工艺检验应模拟施工条件制作接头试件，并应按接头提供单位提供的施工操作要求进行。

3）每种规格钢筋应制作 3 个对中套筒灌浆连接接头，并应检查灌浆质量。

4）采用灌浆料拌合物制作的 40mm×40mm×160mm 试件不应少于 1 组。

5）接头试件及灌浆料试件应在标准养护条件下养护 28d。

6）钢筋套筒灌浆连接接头的抗拉强度不应小于连接钢筋抗拉强度标准值。钢筋套筒灌浆连接接头的屈服强度不应小于连接钢筋屈服强度标准值。

7）接头试件在测量残余变形后可再进行抗拉拔强度试验，并按现行行业标准《钢筋机械连接技术规程》（JGJ 107—2016）规定的钢筋机械连接型式检验单制度对拉伸加载进行试验。

8）第一次工艺检验中 1 个试件抗拉强度或 3 个试件的残余变形平均值不合格时，可再抽 3 个试件进行复检，复检仍不合格判为工艺检验不合格。

9）工艺检验应由专业检测机构进行。

（5）灌浆套筒进厂（场）接头力学性能检验　灌浆套筒进厂（场）时，抽取灌浆套筒并采用与之匹配的灌浆料制作对中连接接头试件，并进行抗拉强度检验，同一批号、同一类型、同一规格的灌浆套筒，以不超过 1000 个为一批，每批抽取 3 个灌浆套筒制作对中连接接头试件。

（6）灌浆料现场检验　灌浆施工中，需要检验灌浆料的 28d 抗压强度并应符合《钢筋连接用套筒灌浆料》(JG/T 408—2019) 的有关规定。用于检验抗压强度的灌浆料试件应在施工现场制作，实验室条件下标准养护。检查数量：每工作班取样不得少于 1 次，每楼层取样不得少于 3 次。每次抽取 1 组 40mm×40mm×160mm 的试件（图 5-50），标准养护 28d 后进行抗压强度试验。

图 5-50　抗压强度试块制作

 课后习题

填空题

1. 套筒是由专门加工的套筒、配套灌浆料和钢筋组装的组合体，在连接钢筋时通过注入快硬无收缩灌浆料，依靠材料之间的_____作用连接钢筋与套筒。

2. 钢筋套筒灌浆连接接头由_____、_____、_____三种材料组成。

3. 水平向预制梁后浇带的水平钢筋连接，采用_____接头。

4. 套筒灌浆的施工步骤为：_____→_____→_____。

5. 灌浆结束后，同等条件养护强度达到_____MPa，待灌浆料达到设计强度后拆模。

6. 套筒灌浆前灌浆人员必须填写_____。

7. 型式检验报告应在_____年有效期内，可按灌浆套筒进厂（场）日期确定。

简答题

1. 预制构件进场验收质量证明文件包括哪些？

2. 灌浆料进场时应验收哪些内容？

任务 4　预制外墙打胶施工

任务目标

1. 熟悉建筑密封防水的要求与建筑密封防水材料。

2. 了解建筑密封防水打胶的施工流程及注意事项。

3. 了解建筑密封防水验收及淋水试验的基本要求。

知识链接

一、建筑密封防水材料

建筑密封防水的原理是在接缝中进行填充来达到防水目的的方法（图5-51）。装配式建筑的外墙结构板之间存在大量接缝，结构缝需要妥善密封，否则将导致严重的外墙渗漏问题。

图 5-51 密封打胶防水

密封防水材料的要求：①与黏结面有很好的黏结性；②材料本身具有不浸透性；③具有优异的耐老化性；④具有很好的力学性能；⑤一年四季具有较好的施工性。混凝土建筑接缝用密封胶参数见表5-12。

表 5-12 混凝土建筑接缝用密封胶参数

项目		技术指标（25LM）	典型值
下垂度（N型）/mm	垂直	≤3	0
	水平	≤3	0
弹性恢复率（%）		≥80	91
拉伸模量/MPa	23℃	≤0.4	0.2
	−20℃	≤0.6	0.2
定伸黏结性		无破坏	合格
浸水后定伸黏结性		无破坏	合格
热压. 冷压后黏结性		无破坏	合格
质量损失（%）		≤10	3.5

密封防水材料分为双组分与单组分硅烷改性密封胶两种（两者性能对比见表5-13）。双组分（图5-52a）的用专用搅拌机将固化剂、颜色混合到4L桶中，用专用胶枪打胶施工。单组分（图5-52b）的一般是590mL的软包装，用普通胶枪施工。

表 5-13 双组分与单组分硅烷改性密封胶性能对比表

	双组分	单组分
固化情况	内外同时固化	遇空气中水分反应固化，从表面开始
着色	选色素现场混合成色	制造时配色
性能	弹性恢复性更好	应力缓和
黏结性	配合底涂产生良好的黏结性	无底涂有黏结性（推荐底涂使用）

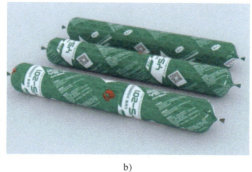

a) b)

图 5-52 双组分与单组分硅烷改性密封胶

a）双组分硅烷改性密封胶 b）单组分硅烷改性密封胶

二、外墙打胶施工流程

外墙密封防水打胶的作业流程图如图 5-53 所示，流程操作如图 5-54 所示。

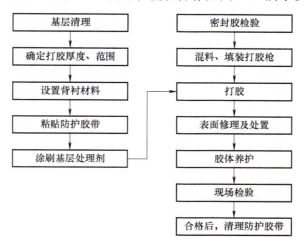

图 5-53 密封防水打胶作业流程图

预制外墙接缝采用密封胶防水时，实行打胶令制度。防水密封胶打胶施工前，施工单位质量员应对各工作、实施条件、安全措施等进行全面检查，重点核查接缝填胶宽度与深度、涂刷基层处理剂等是否满足打胶施工要求。每个班组每天打胶施工前应签发一份打胶令，打胶令由施工单位项目负责人和总监理工程师同时

a) b)

图 5-54 密封防水打胶流程操作

a）基层清理 b）填充衬垫材料

图 5-54 密封防水打胶流程操作（续）

c）粘贴防护胶带　d）基层处理剂　e）密封胶搅拌配制　f）二次抹压修缝

签发，取得后方可进行打胶施工。接缝防水施工人员应进行装配式混凝土建筑防水专项职业能力培训，且考核合格后方可上岗，如图 5-55 所示。

图 5-55 打胶工持证上岗

　　施工单位在防水施工前，一经发现现场接缝间距偏差超过±10mm 时，则应根据实际情况提出相应防水施工措施，并经建设单位、设计单位和监理单位审核通过后方可进行防水施工。清扫的时候一定要将胶材与板缝的接触面清扫干净，不能有浮灰，要保持光洁。墙竖向接缝处密封胶的背衬材料宜选用聚乙烯塑料棒或发泡氯丁橡胶，直径不小于缝宽的 1.5 倍。

　　被涂基层的含水率不应大于 15%，基面要清洁、无浮灰等杂物。将底涂液（性能指标见表 5-14）倒入小型容器中，采用小毛刷将底涂液均匀涂刷在被粘胶表面，不得漏涂。涂刷底涂液 8h 内未进行下道工序，应重新涂刷。

表 5-14　底涂液性能指标

序号	项目	性能指标	试验方法
1	外观	匀黏稠体，无黏结、结块	GB/T 19250—2013
2	表干时间/h	≤12	GB/T 16777—2008
	实干时间/h	≤24	
3	黏结强度/MPa	≥1.0	GB/T 16777—2008 中 7.1 中 A 法

打胶的时候一定要将胶打得饱满，不能跳打，要按顺序操作。打胶中断时要留好施工缝，施工缝内高外低，互相搭接不能少于5cm。加压是关键步骤，要保持加压部位饱满、光滑，不能出现高低不平或者一棱一棱的情况。由于板缝宽度为20mm，加压后，一定要保证胶材的厚度达到10mm（允许偏差±2mm）。夏秋温度较高时使用抹刀将胶面修成平面形状，冬春温度较低时使用抹刀将胶面修成凹面形状。

三、外墙打胶验收

外墙板接缝处的密封材料进场时应进行复验，检验结果应符合设计和现行标准的相关要求，检验方法为检查密封材料复验报告。密封材料进场检验项目和检验批量见表 5-15。

表 5-15　密封材料进场检验项目和检验批量

序号	密封材料名称	检验项目	检验批量
1	混凝土建筑接缝密封胶	流动性、表干时间、挤出性（单组分）、弹性恢复率、适用期（双组分）、拉伸模量、定伸黏结性、浸水后定伸黏结性	同一厂家、同一类型、同一级别每5t为一批，不足5t按一批抽样
2	硅酮和改性建筑密封胶	下垂度、表干时间、挤出性（单组分）、适用性（双组分）、弹性恢复率、拉伸模量、定伸黏结性、浸水后定伸黏结性	
3	聚氨酯建筑密封胶	流动度、表干时间、挤出性（单组分）、弹性恢复率、适用期（双组分）、拉伸模量、定伸黏结性、浸水后定伸黏结性	
4	聚硫建筑密封胶	流动度、表干时间、弹性恢复率、适用期、拉伸模量、定伸黏结性、浸水后定伸黏结性	
5	止水带	硬度（邵尔 A）、拉伸强度、拉断伸长率、撕裂强度	每月同标记的止水带产量为一抽样批，每批随机抽取 2m

施工单位应加强对装配整体式建筑外墙接缝进行施工质量验收，并对预制外墙接缝进行淋水试验记录。经试验发现背水面存在渗漏现象，应对渗漏部位进行修补，且充分干燥后，再重新对渗漏的部位进行淋水试验，直到不再出现渗漏水为止。现场淋水试验水压、喷淋时间等参数参照《建筑幕墙》（GB/T 21086—2007）中附录 D 实施。

淋水部位必须包括墙板十字接缝处、预制墙板与现浇结构连接处以及窗框部位，如图 5-56 所示。淋水试验报告按批检验，每 1000m² 外墙（含窗）划分一个检验批，至少抽查一处，抽查部位为相邻两层 4 块墙板形成的水平和竖向十字解封区域，面积不少于 10m²。应在精装修进场前完成，淋水量控制在 3L/（m²·min），持续时间 24h。若背水面存在渗漏，应对该检验批全部外墙进行整改处理，完成后重新进行淋水试验。淋水时使用消防水龙带对试验部位喷淋，外部检查打胶部位是否有脱胶、排水管是否排水顺畅，内侧仔细观察是否有水印、水迹。发现有局部渗漏部位必须认真做好记录并查找原因及时处理。

图 5-56 墙拼缝淋水试验

 课后习题

简答题

1. 简述建筑密封防水的要求。
2. 外墙打胶施工流程是什么？
3. 简述淋水试验基本要求。

任务 5 案 例 分 析

 任务目标

通过装配式剪力墙结构工程案例，学习装配式剪力墙结构施工技术方案中所包含的基本知识与现场施工。

知识链接

某工程共 9 栋住宅（图 5-57），3 栋 33 层、1 栋 31 层、1 栋 30 层、4 栋 17 层高层住宅及相关配套门卫、地下车库等。高层住宅采用装配式混凝土结构，外墙采用预制夹心保温体系。4 层以下为现浇剪力墙结构体系，5 层以上结构采用装配式剪力墙结构体系，预制率均大于 40%，预制构件包含预制外墙、预制内墙、叠合板、预制阳台、预制飘窗、预制楼梯等。

预制夹心保温外墙（图 5-58）厚度为 290mm，其中，外叶板厚度为 60mm，内叶板厚度为 200mm。保温板采用聚苯板，厚度为 30mm。外叶 60mm+30mm 保温作为考虑构造措施所需，不作为结构受力范围。

一、道路布置与施工

本工程为全地库结构，场内道路要待地库顶板施工完达到强度后设置，并在规划的道路位置进行加固，确保 45t 的预制运输车能顺利通过。东西两侧基坑边设置施工道路，道路厚度为 250mm，采用 C30 钢筋混凝土道路，宽度为 8m。地下室施工道路区域采用型钢临时顶撑加固，如图 5-59 所示。

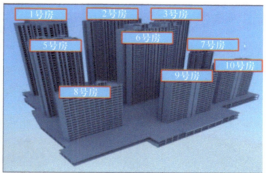

图 5-57　建筑效果图

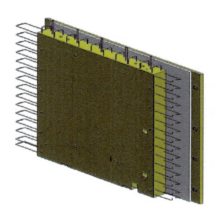

图 5-58　预制夹心保温外墙

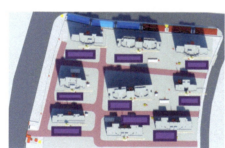

图 5-59　施工道路与地下室顶板加固

每栋楼前面设置一个标准化堆场，采用定型化堆放架进行构件堆放，如图 5-60 所示。

图 5-60　预制构件堆场

二、塔式起重机布置

主楼平面形式为矩形，考虑到单件吊装安装起重量主要位于建筑物的东西南北四个面上和预制构件现场运输临时道路的情况，将塔式起重机居中布置在楼房周边南侧，以利于预制内外墙板、预制叠合板、预制楼梯的吊装装配施工。由于每栋楼中最重预制构件约 6t，根据塔式起重机载荷计算需安装 1 台 ST7030 型号塔式起重机，如图 5-61 所示。

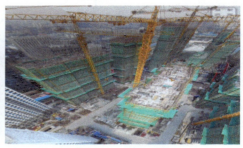

图 5-61 塔式起重机布置

1. 吊装顺序

吊装顺序：安装外部竖向构件（外墙、飘窗、阳台）→安装内部竖向构件（内墙）→安装水平构件（叠合楼板、预制楼梯）。外墙板采用逆时针，内墙板和叠合板采用从西到东的顺序，如图 5-62 所示。

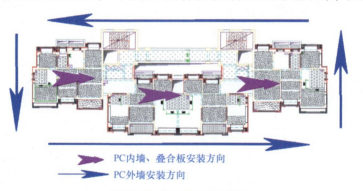

PC内墙、叠合板安装方向
PC外墙安装方向

图 5-62 装配式施工工序

2. 标准层工期

1）根据施工图对楼层进行弹线（图 5-63），并在构件线外 200mm 弹出控制线（图 5-64）。在预制构件吊装前根据设计要求通过垫片进行标高调节。

图 5-63 施工测量放线   **图 5-64 水平标高控制线**

2）预制构件吊装就位（图 5-65），预制构件临时固定（图 5-66）。

图 5-65　预制构件吊装就位　　　　　　　　　　　图 5-66　支设临时支撑

3）通过斜撑装置对预制构件进行校正并对垂直度进行精调（图 5-67）。

图 5-67　预制构件校正与垂直度控制

4）预制构件精调完成后浇筑混凝土部位构件拼缝铺贴强黏性的防水绑带（图 5-68），防止在混凝土浇筑时漏浆，然后进行现浇节点钢筋绑扎（图 5-69）。

图 5-68　防水绑带安装　　　　　　　　　　　图 5-69　钢筋绑扎

5）进行铝模板拼装施工，如图 5-70 所示。

6）进行叠合板吊装（图 5-71）和管线预埋（图 5-72）。

7）进行隐蔽工程验收，校正无误后浇筑混凝土，如图 5-73 所示。

8）进行预制墙板套筒灌浆施工，如图 5-74 所示。

图 5-70　铝模板拼装

图 5-71　叠合板吊装

图 5-72　管线预埋

图 5-73　浇筑混凝土

图 5-74　套筒灌浆施工

项目六
预制框架结构装配施工

 项目概述

本项目将对预制混凝土框架结构的装配作业进行详细阐述与讲解，分为常用预制框架的构件类型、预制框架构件装配作业、框架结构套筒灌浆施工、案例分析等。

 项目目标

熟悉框架结构中预制构件的类型；能说出预制构件的装配施工流程以及施工工艺要点；详细学习柱、梁吊装后的灌浆连接工艺。

任务1　常用预制框架的构件类型

 任务目标

1. 了解框架结构中预制柱设计规定。
2. 了解框架结构中预制梁设计规定。
3. 了解框架结构中节点设计规定。

 知识链接

一、预制柱

预制柱的设计应满足现行国家标准《装配式混凝土建筑技术标准》（GB/T 51231—2016）的要求，并应符合以下规定：

1）矩形柱截面边长不宜小于400mm；圆形截面柱直径不宜小于450mm，且不宜小于同方向梁宽的1.5倍。

2）柱纵向受力钢筋在柱底连接时，柱箍筋加密区长度不应小于纵向受力钢筋连接区域长度与500mm的最小值（图6-1）；当采用套筒灌浆连接或浆锚搭接连接等方式时，套筒或搭接段上端第一道箍筋距离套筒或搭接段顶部不应大于50mm。

预制柱的底部应设置键槽且宜设置粗糙面，键槽应均匀布置，键槽深度不宜小于30mm，键槽端部斜面倾角不宜大于30°，柱顶设

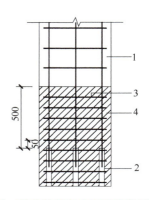

图6-1　柱底箍筋加密区域构造示意图
1—预制柱　2—连接接头（或钢筋连接区域）
3—加密区箍筋　4—箍筋加密区

置粗糙面，如图 6-2 所示。

图 6-2　预制柱及键槽

二、预制梁

预制梁一般采用叠合梁形式，其设计应满足现行国家标准《装配式混凝土建筑技术标准》（GB/T 51231—2016）的要求，并应符合以下规定：

1）抗震等级为一、二级的叠合框架梁的梁端箍筋加密区宜采用整体封闭箍筋；当叠合梁受扭时宜采用整体封闭箍筋，且整体封闭箍筋的搭接部分宜设置在预制部分。

2）当采用组合封闭箍筋时，开口箍筋上方两端应做成 135° 弯钩，框架梁弯钩平直段长度不应小于 $10d$（d 为箍筋直径），次梁弯钩平直段长度不应小于 $5d$，现场应采用箍筋帽封闭开口箍，箍筋帽宜两端做成 135° 弯钩，也可做成一端 135°、另一端 90° 弯钩，但 135° 弯钩和 90° 弯钩应沿纵向受力钢筋方向交错设置，框架梁弯钩平直段长度不应小于 $10d$，次梁 135° 弯钩平直段长度不应小于 $5d$，90° 弯钩平直段长度不应小于 $10d$，如图 6-3 所示。

预制梁（图 6-4）结合处（上表面）应做成粗糙面，凹凸不宜小于 6mm，梁两端应做剪力键槽（图 6-5），并深入现浇柱或剪力墙 15mm。叠合梁长度不宜大于 12m，宽度根据结构图纸决定，预制高度等于结构梁高减去楼板厚度；重量不宜大于 5t。

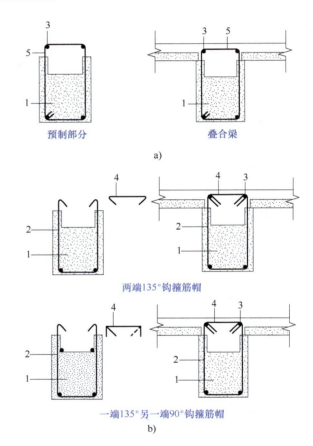

预制部分　　　　叠合梁

a)

两端135°钩箍筋帽

一端135°另一端90°钩箍筋帽

b)

图 6-3　叠合梁箍筋构造示意图

a）采用整体封闭箍筋的叠合梁　b）采用组合封闭箍筋的叠合梁

1—预制梁　2—开口箍筋　3—上部纵向钢筋
4—箍筋帽　5—封闭箍筋

三、梁柱节点

采用预制柱及叠合梁的装配整体式框架的节点处，梁纵向受力钢筋应伸入后浇节点区内锚固或连接，并应符合下列规定：

1）框架梁预制部分的腰筋不承受扭矩时，可不伸入梁柱节点核心区。

2）对框架中间层中节点，节点两侧的梁下部纵向受力钢筋宜锚固在后浇节点核心区内，也可采用机械连接或焊接的方式连接；梁的上部纵向受力钢筋应贯穿后浇节点核心区，如图 6-6 所示。

图 6-4　预制梁

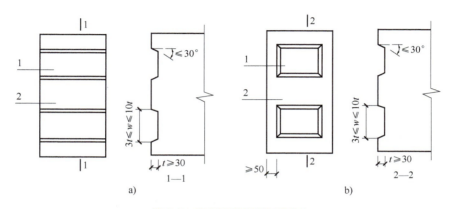

图 6-5　梁端键槽构造示意图

a）键槽贯通截面　b）键槽不贯通截面

1—键槽　2—梁端面　w—键槽宽度　t—键槽深度

3）对框架中间层端节点，当柱截面尺寸不满足梁纵向受力钢筋的直线锚固要求时，宜采用锚固板锚固，也可采用90°弯折锚固，如图6-7所示。

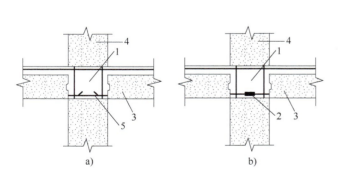 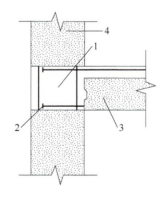

图 6-6　预制柱及叠合梁框架中间层中节点构造示意图

a）梁下部纵向受力钢筋锚固　b）梁下部纵向受力钢筋连接

1—后浇区　2—梁下部纵向受力钢筋连接　3—预制梁

4—预制柱　5—梁下部纵向受力钢筋锚固

图 6-7　预制柱及叠合梁框架中间层
端节点构造示意图

1—后浇区　2—梁纵向钢筋锚固

3—预制梁　4—预制柱

4）对框架顶层中的节点，柱纵向受力钢筋宜采用直线锚固；当梁截面尺寸不满足直线锚固要求时，宜采用锚固板锚固，如图6-8所示。

5）对框架顶层端节点，柱宜伸出屋面并将柱纵向受力钢筋锚固在伸出段内，柱纵向受力钢筋宜采用锚固板的锚固方式，此时锚固长度不应小 $0.6l_{aE}$。伸出段内箍筋直径不应小于 $d/4$（d 为柱纵向受力钢筋的最大直径），伸出段内箍筋间距不应大于 $5d$（d 为柱纵向受力钢筋的最小直径）且不应大于 100mm；梁纵向受力钢筋应锚固在后浇节点区内，且宜采用锚固板的锚固方式，此时锚固长度不应小于 $0.6l_{abE}$，如图 6-9 和图 6-10 所示。

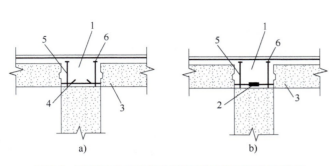

图 6-8　预制柱及叠合梁框架顶层中节点构造示意图

a）梁下部纵向受力钢筋锚固　b）梁下部纵向受力钢筋机械连接

1—后浇区　2—梁下部纵向受力钢筋连接　3—预制梁

4—梁下部纵向受力钢筋锚固　5—柱纵向受力钢筋　6—锚固板

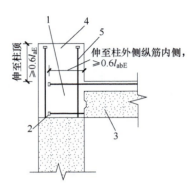

图 6-9　预制柱及叠合梁框架
顶层端节点构造示意图

1—后浇区　2—梁下部纵向受力钢筋锚固
3—预制梁　4—柱延伸段　5—柱纵向受力钢筋

图 6-10　预制梁柱节点图

课后习题

填空题

1. 预制梁结合处（上表面）应做成粗糙面，凹凸不宜小于_____mm，梁两端应做剪力键槽，并深入现浇柱或剪力墙_____mm。

2. 叠合板需搁置在梁上，搭接长度为_____mm，同时搭接方向钢筋需伸过梁中心。

任务 2　预制框架构件装配作业

任务目标

1. 能复述装配式框架结构建筑预制柱施工流程与施工要点。

2. 能复述装配式框架结构建筑叠合梁施工流程与施工要点。

预制框架结构装配施工

知识链接

一、预制柱的装配作业

预制柱装配宜按照角柱、边柱、中柱顺序进行安装，与现浇部分连接的柱宜先行吊装。预制柱的就位以轴线和外轮廓线为控制线，对于边柱和角柱，应以外轮廓线控制为准；预制柱安装前，应按设计要求校核连接钢筋的数量、规格和位置。预制柱安装就位后，应在两个方向设置可调斜撑作临时固定，并应进行垂直度调整。采用灌浆套筒连接的预制柱调整就位后，拼缝位置宜采用坐浆料封堵，并即刻进行套筒灌浆。主要装配流程为：预制柱安装的准备→弹出控制线并复核→预制柱起吊→预制柱就位→安装斜撑→垂直度调整→固定→检查验收，详细流程如图 6-11 所示。

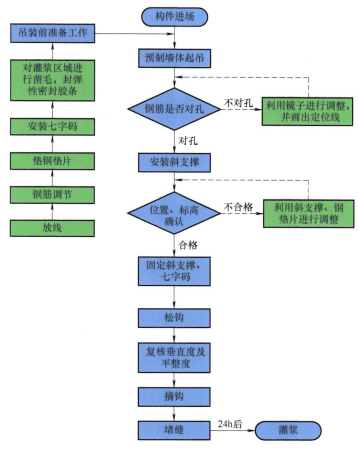

图 6-11　预制柱装配流程图

1）装配式结构楼层以下的现浇结构楼层预留纵向钢筋施工时，为避免钢筋偏位、钢筋预留长度错误造成无法与预制装配式结构楼层预制构件的预留套筒正确连接，应采用钢筋定位控制套箍对预留竖向钢筋进行检查、固定，保证结构顶部纵向预留钢筋位置的准确。

灌浆缝下表面要干净、无污物，钢筋表面干净、无严重锈蚀和粘贴物（图 6-12）。将构件灌浆表面润湿，但不得形成积水。直尺检查待连接钢筋的长度，测量定位控制轴线、预制柱定位边线及 200mm 控制线，并做好标识。采用垫片进行标高控制，每个预制柱下部四个角部位根据实测数值放置相应高度的垫片进行标高找平，并防止垫片移位。垫片安装应注意避免堵塞注浆孔及灌浆连通腔。

2）预制柱吊运至施工楼层距离楼面 200mm 时，略作停顿，安装工人对着楼地面上已经弹好的预制柱定

图 6-12　预留钢筋定位和清理

位线扶稳预制柱，并通过小镜子检查预制柱下口套筒与连接钢筋位置是否对准，检查合格后缓慢落钩，使预制柱落至找平垫片上就位放稳，如图 6-13 所示。

图 6-13　预制柱安装就位

3）预制柱就位后，采用长短两条斜向支撑将预制柱临时固定，每个构件至少使用两个斜支撑进行固定。预制柱安装就位后应在两个方向采用可调斜撑作临时固定。斜向支撑主要用于固定与调整预制柱体，确保预制柱安装垂直度，加强预制柱与主体结构的连接，确保灌浆和后浇混凝土浇筑时柱体不产生位移。

调整短支撑以调节柱位置，调整长支撑以调整柱垂直度，用撬棍拨动预制柱，用铅锤、靠尺校正柱体的位置和垂直度，并可用经纬仪进行检查。经检查预制柱水平定位、标高及垂直度，调整准确无误后紧固斜向支撑，卸去吊索卡环，如图 6-14 所示。楼面斜支撑常规采用膨胀螺栓进行安装。

安装时，需与安装处楼面板预埋管线及钢筋位置、板厚等因素进行统合考虑，避免损坏、打穿、打断楼板预埋线管、钢筋、其他预埋装置等，避免打穿楼板。

图 6-14　预制柱吊装和安装斜撑

4）预制柱下与楼板之间的缝隙采用封堵料封堵，封堵要密实，确保灌浆时不会漏浆。进行预制柱套筒灌浆施工，灌浆作业完成后24h内，构件和灌浆连接处不能受到振动或冲击作用，如图6-15所示。斜撑应在套筒连接器内的灌浆料强度达到35MPa后拆除。

图6-15　预制柱灌浆施工

二、预制叠合梁的装配作业

当设计有明确规定时，安装顺序应按照设计要求；设计无明确要求时，宜遵循先主梁后次梁、先低后高的原则，吊装时应注意梁的吊装方向标识。预制叠合梁安装前，应对预制叠合梁现浇部分钢筋按设计要求进行复核。主要装配流程为：预制叠合梁安装准备→弹出控制线并复核→搭设支撑体系→调整支撑体系顶部架体标高→预制叠合梁吊装→预制叠合梁校正→叠合层钢筋绑扎与混凝土浇筑。

1）弹出控制线并复核。根据结构平面布置图，放出定位轴线及叠合梁定位控制边线，做好控制线标识，如图6-16所示。叠合梁安装前应按设计要求对立柱上梁的搁置位置进行复测和调整。

图6-16　弹出控制线

2）搭设支撑体系。当叠合梁采用临时支撑搁置时，临时支撑应进行验算。当支撑高度不大于4m时，可采用可调式独立钢支撑体系（图6-17）。当支撑高度大于4m时，宜采用满堂支撑脚手架体系。

3）调整支撑体系顶部架体标高。支撑安装先利用手柄将调节螺母旋至最低位置，将上管插入下管至接近所需的高度，然后将销子插入位于调节螺母上方的调节孔内，把可调钢支顶移至工作位置，搭设支架上部工字钢梁，旋转调节螺母，调节支撑使铝合金工字钢梁上口标高至叠合梁底标高，待预制梁底支撑标高初步调整完毕后进行吊装作业。

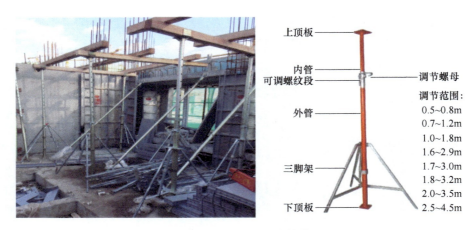

图 6-17　可调式独立钢支撑体系

4）预制叠合梁吊装。吊装前应检查柱头支点钢垫的标高、位置是否符合安装要求。就位时找好柱头上的定位轴线和梁上轴线之间的相互关系，控制梁正确就位。预制叠合梁吊装至楼面 500mm 时，停止降落，操作人员稳住叠合梁，参照柱、墙顶垂直控制线和下层板面上的控制线，引导预制叠合梁缓慢降落至柱头支点上方。待构件稳定后，方可进行摘勾和校正。

预制叠合梁起吊中要保证各吊点受力均匀，尤其是预制节段主梁吊装时，要保障预制主梁每个节段受力平衡及变形协调，同时要注意避免预制梁的外伸连接钢筋与立柱预留钢筋发生碰撞。待预制梁停稳后须缓慢下放，以免安装时冲击力过大导致梁柱接头处的构件破损，如图 6-18 所示。

图 6-18　预制梁吊装与就位

预制叠合梁安装时，主梁和次梁伸入支座的长度与搁置长度应符合设计要求。预制次梁与预制主梁之间的凹槽应在预制叠合板安装完成后，采用不低于预制梁混凝土强度等级的材料填实。

5）预制叠合梁校正。吊装摘勾后，根据预制墙体上弹出的水平控制线及竖向楼板定位控制线，校核预制叠合梁水平位置及竖向标高情况（图 6-19）。通过调节竖向独立支撑，确保预制叠合梁满足设计标高及质量控制要求；通过撬棍调节预制叠合梁水平定位，确保预制叠合梁满足设计图纸水平定位及质量控制要求。调整预制叠合梁水平定位时，撬棍应配合垫木使用，避免损伤预制梁边角。调整完成后应检查梁吊装定位是否与定位控制线存在偏差。采用铅垂和靠尺进行检测，如偏差仍超出设计及质量控制要求，或偏差影响到周边预制梁或叠合楼板的吊装，应对该预制梁进行重新起吊落位，直到通过检验为止。

6）叠合层钢筋绑扎与混凝土浇筑。待预制叠合梁安装完毕后，根据在预制梁上方的钢筋间距控制线进行叠合层钢筋绑扎，保证钢筋搭接和间距符合设计要求。待叠合层钢筋隐蔽检查合格，结合面清理干净后，即可浇筑梁柱接头、预制梁叠合层以及叠合楼板上层混凝土。预制叠合梁在后浇混凝土强度达到设计要求后，方可拆除支撑或承受施工荷载。

图 6-19 标高调整

课后习题

简答题

1. 预制叠合梁主要安装流程是什么？
2. 预制主梁与预制柱节点处，钢筋绑扎顺序是什么？
3. 预制梁端部设置键槽和粗糙面的目的是什么？

任务 3 框架结构套筒灌浆施工

任务目标

1. 能复述预制柱套筒灌浆的施工工序。
2. 能复述预制梁套筒灌浆的施工工序。

知识链接

一、预制柱套筒灌浆施工

预制柱灌浆施工工艺流程为：套筒检查→预制柱吊装固定→灌浆料制备→灌浆施工→灌浆后节点保护。

1. 坐浆塞缝

柱底与底板间要形成一个密闭空间，以保证灌浆料在压力下注满柱底键槽及套筒并达到一定的密实度，因此，坐浆塞缝工艺质量尤为重要（图 6-20）。用专用坐浆料进行坐浆施工，完成 24h 后达到一定强度后才能灌浆。

2. 灌浆料拌制

拌制灌浆料时，每次搅拌量应视使用量多少而定，以保证 30min 以内将一次拌和的浆料用完。先加入 80% 的水，然后逐渐加入灌浆料，搅拌 3~4min 至浆料黏稠无颗粒、无干

图 6-20 柱底坐浆塞缝

灰，再加入剩余 20% 的水，整个搅拌过程不能少于 5min。完成后静置时间不低于 2min，以尽量排出拌合物内气泡；搅拌地点的选择应考虑各施工地点距离，将静置排气时间与搬运时间合并考虑。

3. 灌浆施工

所有灌浆孔及排气孔溢浆后持压 30s，保证灌浆密实，如图 6-21 所示。

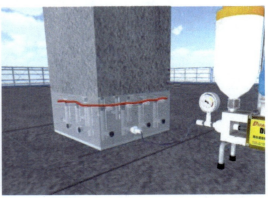

图 6-21　预制柱灌浆施工

二、预制梁套筒灌浆施工

预制梁灌浆施工一般采用全灌浆套筒（图 6-22）进行灌浆施工，灌浆工艺流程为：做标记装套筒→预制梁吊装固定→套筒就位→灌浆料制备→灌浆施工→灌浆后节点保护。

1）用记号笔做好连接钢筋最小锚固长度的标志（图 6-23），标志、位置应准确，颜色应清晰；将套筒全部套入一侧预制梁的连接钢筋上。

2）套筒就位吊装后，检查两侧构件伸出的待连接钢筋是否对正，偏差不得大于 ±5mm，且两钢筋相距间隙不得大于 30mm。将套筒按标记移至两对接钢筋中间。根据操作方便性将带灌浆排浆接头的口旋转到向上 ±45° 范围内位置（图 6-24）。对灌浆套筒与钢筋之间的缝隙应设置防

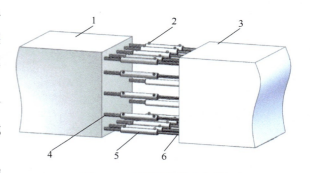

图 6-22　预制梁全灌浆套筒

1—梁左端　2—灌浆出浆口接头　3—梁右端
4—左侧灌浆段钢筋　5—水泥灌浆钢筋连接
套筒　6—右侧灌浆段钢筋

止灌浆时灌浆料拌和物外漏的封堵措施。检查套筒两侧密封圈是否正常，如有破损需要用可靠方式修复（如用硬胶布缠堵）。

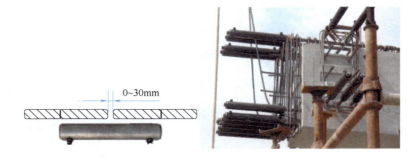

图 6-23　全套筒做好标记

3）用灌浆枪从套筒的一个灌浆接头处向套筒内灌浆（图 6-25），至浆料从套筒另一端的出浆接头处流出为止。每个接头逐一灌浆，灌后检查是否两端漏浆并及时处理。浆料应在加水搅拌开始计 20～30min 用

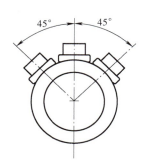

图 6-24　预制梁全套筒就位

完。灌浆料凝固后，检查灌浆口、排浆口处，凝固的灌浆料上表面应高于套筒上缘。灌浆后灌浆料同条件试块强度达到 35MPa 前构件不得受扰动。

图 6-25　套筒灌浆施工

 课后习题

填空题

1. 坐浆料及灌浆料的保质期一般为_____个月。
2. 灌浆后_____h 内不得使构件和关键层受到振动、碰撞。

简答题

预制梁套筒灌浆施工工艺流程是什么？

任务 4　案例分析

任务目标

通过实际工程案例，学习装配式框架结构建筑在实际施工中的经验。

知识链接

某工程总建筑面积 89185m²，其中，地上建筑面积为 60507m²，地下建筑面积为 28678m²。地上总分 4 个单体，分别为南楼、北楼、附楼、裙房，其中，南楼及北楼地上共 11 层，底层层高为 5.5m，其余各层层高均为 4.2m，建筑高度为 49.98m，宽为 31.5m、长为 68.8m；南楼和北楼上部结构形式为装配整体式框架 +现浇剪力墙结构；裙房和附楼上部结构形式为装配整体式框架结构。预制构件包括：预制柱、预制梁、预制叠合板、预制楼梯段等。

预制柱底钢筋出筋，在混凝土浇筑前，用限位钢板进行固定，吊装前弹出构件控制线，检查钢筋伸出长度，测量柱底水平标高，如图 6-26 所示。

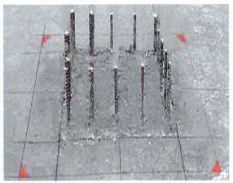

图 6-26　预制柱钢筋定位

工程预制柱重量均不超过 7t，长度不超过 4.73m，所以预制柱在吊装过程中采用旋转法起吊。吊装预制柱时，柱的吊钩点、柱脚与柱重心三者宜位于塔式起重机的同一工作幅度的圆弧上。起吊时，塔式起重机钢索边升钩边回转，柱顶随起重钩的运动，也边升起边回转，而柱脚的位置在柱的旋转过程中是不移动的。当柱由水平转为直立后，塔式起重机将柱吊离地面，如图 6-27 所示。

图 6-27　预制柱吊装

预制柱垂直度通过靠尺来进行测量，每根柱子吊装全程控制，每个楼层吊装完成后使用激光水准仪和靠尺逐一复核，校正固定后，再进行封底灌浆，如图 6-28 所示。

预制板吊装均采用满堂排架体系作为临时支撑，预制梁和预制板吊装要尽可能减小在非预应力方向因自重产生的弯矩，采用 4 个吊点均匀受力，保证构件平稳吊装，如图 6-29 和图 6-30 所示。

预制柱吊装的关键问题是柱底预埋钢筋定位是否精确。临时固定拉杆连接注意偏差控制；柱底清理、注浆饱满才是关键问题，需要重点把控，当遇到问题时，要有具体应对措施。吊装前对预制梁按吊装顺序进行编号非常重要；根据两端部出筋及上下关系对构件重量进行复核；编制吊装顺序图，按图依次进行吊装。叠合板考虑到临时稳定和施工工作面因素，按跨进行编号，依次进行吊装；同时需要结合吊装顺序，要求加工厂对相应构件上下堆放顺序和进场堆场放置位置事前确定，避免影响吊装。

图 6-28　预制柱封堵与调垂矫正

图 6-29　预制梁吊装

图 6-30　预制板吊装

项目七
装配式混凝土结构质量控制

 项目概述

装配式混凝土结构的质量控制主要分为预制构件生产质量控制、运输堆放质量控制、构件进场验收和结构质量验收等。本项目就这四部分阐述装配式混凝土施工中质量控制的要点。

 项目目标

熟悉预制构件的生产质量控制、成品质量控制和质量缺陷修补的检查标准；熟悉预制构件运输装车方法和成品保护；能描述预制构件外观质量检查的内容，说出预制构件进场尺寸偏差检查方法；了解装配式混凝土结构质量验收程序；熟悉构件装配质量验收方法与标准。

任务 1　预制构件生产质量控制

 任务目标

1. 熟悉预制构件生产质量控制的允许偏差和检验方法。
2. 熟悉预制构件成品质量控制的质量缺陷划分、检查允许偏差和检验方法。
3. 熟悉预制构件质量缺陷修补的检查标准。

装配式混凝土结构
质量控制（一）

🔗 **知识链接**

一、预制构件生产时的质量控制

生产使用的模具应安装牢固、尺寸准确、拼缝严密、不漏浆，精度必须符合设计要求和表 7-1 的规定，并应经验收合格后再投入使用。

石材和面砖等饰面材料铺设后表面应平整，接缝应顺直，接缝的宽度和深度应符合表 7-2 的要求。

钢筋制品中钢筋、配件和埋件的品种、规格、数量和位置等应符合有关设计文件的要求。钢筋制品吊运入模前应对其质量进行检查，并应在检查合格后再入模，钢筋制品尺寸允许偏差和检验方法见表 7-3。

预埋件、连接用钢材和预留孔洞模具的数量、规格、位置、安装方式等应符合设计规定，固定措施应可靠。预埋件、预留孔和预留洞的允许偏差和检验方法应符合表 7-4 的规定。

表 7-1　模具尺寸的允许偏差和检验方法

项目		允许偏差/mm	检验方法
长		−3	用钢尺量平行构件高度方向，取其中偏差绝对值较大处
宽		−3	钢尺量一端及中部，取其中较大值
对角线偏差		5	用尺量纵、横两个方向对角线
底模平整度		3	2m 靠尺和塞尺检查
底模翘曲度		4	对角拉线测量交点间距离值的两倍
底模弯曲度		4	拉线、钢尺量最大弯曲处
挡边高差		2	用钢尺量
挡边缝隙		1	用塞片或塞尺量
挡边弯曲		2	拉线，用钢尺测量侧向弯曲最大处
窗洞	长	3	用钢尺量平行构件高度方向，取其中偏差绝对值较大处
	宽	3	用钢尺量一端及中部，取其中较大值
	高	1	用钢尺量
	对角线	3	用尺量纵、横两个方向对角线
	位置	±3	用钢尺量
门洞尺寸	长	3	用钢尺量平行构件高度方向，取其中偏差绝对值较大处
	宽	3	钢尺量一端及中部，取其中较大值
	高	1	用钢尺量
	对角线	3	用尺量纵、横两个方向对角线
	位置	±3	用钢尺量
	孔位置	±5	用钢尺量
	洞位置	±10	用钢尺量
	预留工装位置	±5	用钢尺量
部件齐全		组成部件是否齐全	
外观质量		标识、凹凸、破损、弯曲、锈蚀	

表 7-2　面砖、石材粘贴的允许偏差和检验方法

项目		允许偏差/mm	检验方法
长度	≤6m	1，−2	用钢尺量平行构件高度方向，取其中偏差绝对值较大处
	>6m 且 ≤12m	2，−4	
	>12m	3，−5	
截面尺寸	墙板	1，−2	用钢尺测量两端或中部，取其中偏差绝对值较大处
	其他构件	2，−4	
对角线差		3	用钢尺量纵、横两个方向对角线
侧向弯曲		L/1500 且 ≤5	拉线，用钢尺量测向弯曲最大处
翘曲		L/1500	对角拉线测量交点间距离值的两倍
底模表面平整度		2	用 2m 靠尺和塞尺检查
组装缝隙		1	用塞片或塞尺量
端模与侧模高低差		1	用钢尺量

注：L 为构件长边的长度。

表 7-3　钢筋制品尺寸允许偏差和检验方法

项目			允许偏差/mm	检验方法
钢筋网片	长、宽		±5	钢尺检查
	网眼尺寸		±5	用钢尺量连续三档，取最大值
钢筋骨架	长		±5	钢尺检查
	宽、高		±5	钢尺检查
受力钢筋	间距		±5	用钢尺量两端、中间各一点，取最大值
	排距		±5	
	保护层	柱、梁	±5	钢尺检查
		板、墙	±3	钢尺检查
钢筋、横向钢筋间距			±5	用钢尺量连续三档，取最大值
钢筋弯起点位置			15	钢尺检查

表 7-4　预埋件和预留孔洞的允许偏差和检验方法

项目		允许偏差/mm	检验方法
预埋钢筋锚固板	中心线位置	3	钢尺检查
	安装平整度	0，−3	靠尺和塞尺检查
预埋管、预留孔	中心线位置	3	钢尺检查
	孔尺寸	±3	钢尺检查
门窗口	中心线位置	3	钢尺检查
	宽度、高度	±2	钢尺检查
插筋	中心线位置	3	钢尺检查
	外露长度	+5，0	钢尺检查
预埋吊环	中心线位置	3	钢尺检查
	外露长度	+8，0	钢尺检查
预留洞	中心线位置	3	钢尺检查
	尺寸	±3	钢尺检查
预埋螺栓	螺栓中心线位置	2	钢尺检查
	螺栓外露长度	±2	钢尺检查
钢筋套筒	中心线位置	1	钢尺检查
	平整度	±1	靠尺和塞尺检查

　　预制构件的门窗框应在浇筑混凝土前预先放置于模具中，位置应符合设计要求，并应在模具上设置限位框或限位件进行可靠固定。门窗框安装位置应逐件检验，允许偏差和检验方法应符合表 7-5 的规定。

表 7-5　门框和窗框安装允许偏差和检验方法

项目		允许偏差/mm	检验方法
锚固脚片	中心线位置	5	钢尺检查
	外露长度	+5，0	钢尺检查
门窗框位置		±1.5	钢尺检查
门窗框高、宽		±1.5	钢尺检查
门窗框对角线		±1.5	钢尺检查
门窗框的平整度		1.5	靠尺检查

二、预制构件成品质量控制

预制构件的外观质量不宜有一般缺陷，构件的外观质量应根据表 7-6 确定。对已经出现的一般缺陷，应按技术处理方案进行处理，并重新检查验收。

表 7-6　预制构件的外观质量缺陷划分

项目	现象	严重缺陷	一般缺陷
露筋	钢筋未被混凝土完全包裹而外露	纵向受力钢筋有露筋	其他钢筋有少量露筋
蜂窝	混凝土表面缺少水泥砂浆而形成石子外露	构件主要受力部位有蜂窝	其他部位有少量蜂窝
孔洞	混凝土中孔穴深度和长度均超过保护层厚度	构件主要受力部位有孔洞	其他部位有少量孔洞
夹渣	混凝土中夹有杂物且深度超过保护层厚度	构件主要受力部位有夹渣	其他部位有少量夹渣
疏松	混凝土中局部不密实	构件主要受力部位有疏松	其他部位有少量疏松
连接部位缺陷	连接处混凝土缺陷及连接钢筋、连接件松动	构件主要受力部位有影响结构性能或使用功能的裂缝	其他部位有少量不影响结构性能或使用功能的裂缝
外形缺陷	缺棱掉角、表面翘曲、表面凹凸不平、外装饰材料黏结不牢、位置偏差、嵌缝没有达到横平竖直	清水混凝土构件、有外装饰的混凝土构件出现影响使用功能或装饰效果的外形缺陷	其他混凝土构件有不影响使用功能的外形缺陷
外表缺陷	构件表面麻面、起砂、掉皮、污染	具有重要装饰效果的清水混凝土构件有外表缺陷	其他混凝土构件有不影响使用功能的外表缺陷
裂缝	缝隙从混凝土表面延伸至混凝土内部	构件主要受力部位有影响结构性能或使用性能的裂缝、裂缝宽度大于 0.3mm 且裂缝长度超过 300mm	其他部位有少量不影响结构性能或使用功能的裂缝
破损	由于运输、存放中出现磕碰导致构件表面混凝土破碎、掉块等	构件主要受力部位有影响结构性能或使用性能的破损；影响钢筋、连接件、预埋件锚固的破损	其他部位有少量不影响结构性能或使用功能的破损

预制构件的尺寸允许偏差及检查方法应符合表 7-7 的规定。对于施工过程中临时使用的预埋件中心线位置及预制构件粗糙面处的尺寸允许偏差可按表 7-7 的规定放大一倍执行。对于形状复杂或设计有特殊要求的构件，其尺寸偏差应符合设计要求。检查数量为同一规格（品种）、同一个工作班的应为同一检验批，每检验批抽检不应少于 30%，且不少于 5 件。

表 7-7　预制构件的尺寸允许偏差及检查方法

项目			允许偏差/mm	检查方法
长度	板、梁、柱、桁架	<12m	±5	尺量检查
		≥12m 且<18m	±10	
		≥18m	±20	
宽度、高（厚）度	板、梁、柱、桁架截面尺寸		±5	钢尺量一端及中部，取其中偏差绝对值较大处
	墙板的高度、厚度		±3	
表面平整度	板、梁、柱、墙板内表面		5	2m 靠尺和塞尺检查
	墙板外表面		3	

（续）

项目		允许偏差/mm	检查方法
侧向弯曲	板、梁、柱	$L/750$ 且 $\leqslant 20$	拉线、钢尺量最大侧向弯曲处
	墙板、桁架	$L/1000$ 且 $\leqslant 20$	
翘曲	板	$L/750$	调平尺在两端量测
	墙板	$L/1000$	
对角线差	板	10	钢尺量两个对角线
	墙板、门窗口	5	
挠度变形	梁、板、桁架设计起拱	±10	拉线、钢尺量最大弯曲处
	梁、板、桁架下垂	0	
预留孔	中心线位置	5	尺量检查
	孔尺寸	±5	
预留洞	中心线位置	5	尺量检查
	洞口尺寸、深度	±5	
门窗口	中心线位置	5	尺量检查
	宽度、高度	±3	
预埋件	预埋件钢筋锚固板中心线位置	5	尺量检查
	预埋件钢筋锚固板与混凝土面平面高差	0，−5	
	预埋螺栓中心线位置	2	
	预埋螺栓外露长度	±5	
	预埋套筒、螺母中心线位置	2	
	预埋套筒、螺母与混凝土面平面高差	0，−5	
	线管、电盒、木砖、吊环在构件平面的中心线位置偏差	20	
	线管、电盒、木砖、吊环与构件表面混凝土高差	0，−10	
预留插筋	中心线位置	3	尺量检查
	外露长度	+5，0	
键槽	中心线位置	5	尺量检查
	长度、宽度、深度	±5	

注：L 为构件长边的长度。

三、预制构件缺陷修补质量控制

预制构件在生产制作、存放、运输等过程中造成的非结构质量问题，应采取相应的修补措施进行修补，应报监理、设计审批同意，对于影响结构的质量问题，应做报废处理。对承载力不足引起的裂缝，应采用适当加固方法进行加固。预制构件修补质量检查标准见表7-8。

表7-8　预制构件修补质量检查标准

项目	情况	处理方案	检查依据与方法
破损	1. 影响结构性能且不能恢复的破损	废弃	目测
	2. 影响钢筋、连接件、预埋件锚固的破损	废弃	目测
	3. 上述1、2以外的，破损长度超过20mm	一般破损修补方法	目测、卡尺测量
	4. 上述1、2以外的，破损长度在20mm以下	现场修补	目测、卡尺测量

（续）

项目	情况	处理方案	检查依据与方法
裂缝	1. 影响结构性能且不能恢复的裂缝	废弃	目测
	2. 影响钢筋、连接件、预埋件锚固的裂缝	废弃	目测
	3. 裂缝宽度大于 0.3mm，且裂缝长度超过 300mm	废弃	目测、卡尺测量
	4. 上述 1、2、3 以外的，裂缝宽度超过 0.3mm	填充密封法	目测、卡尺测量
	5. 上述 1、2、3 以外的，宽度不足 0.2mm 且在外表面	表面修补法	目测、卡尺测量
植筋	1. 影响结构性能且不能恢复的缺少钢筋	废弃	目测
	2. 非影响结构性能且数量极个别的缺少钢筋	植筋修补方法	目测
预埋件偏位及漏放	1. 影响结构性能且不能恢复的预埋件偏位及漏放	废弃	目测
	2. 非影响结构性能且数量极个别的预埋件偏位及漏放	预埋件偏位及漏放修补方法	目测

 课后习题

简答题

1. 简述预制构件生产质量控制的允许偏差和检验方法。

2. 预制构件的外观质量缺陷包括哪些？

任务 2　预制构件运输堆放质量控制

 任务目标

1. 熟悉预制构件运输装车的方法。
2. 熟悉预制构件的成品保护。

装配式混凝土结构
质量控制（二）

 知识链接

预制构件在运输时为了防止构件发生裂缝、破损和变形等，应选择合适的运输车辆和运输台架。重型、中型载货汽车，半挂车载物，高度从地面起不得超过 4m，载运集装箱的车辆不得超过 4.2m。构件竖放运输高度选用低平板车，可使构件上限高度低于限高高度。装车方法的选择如下：

1）梁、柱构件通常采用平放装车运输方式，也要采取措施防止运输过程中构件散落。要根据构件配筋决定台木的放置位置，防止构件运输过程中产生裂缝。

2）墙板装车时应采用竖直或侧立靠放运送的方式，运输车上应配备专用运输架，并固定牢固，同一运输架上的两块板应采用背靠背的形式竖直立放，上部用花篮螺栓互相连接，两边用斜拉钢丝绳固定。

3）叠合板应采用平放运输，每块叠合板用四块木块作为搁支点，木块尺寸要统一，长度超过 4m 的叠合板应设置 6 块木块作为搁支点（板中应比一般板块多设置 2 个搁支点，防止叠合板中间部位产生较大的挠度），叠合板的叠放应尽量保持水平，叠放数量不应多于 6 块，并且用保险带扣牢。

4）其他构件包括楼梯构件、阳台构件和各种半预制构件等。因为各种构件的形状和配筋各不相同，所以要分别考虑不同的装车方式。选择装车方式时，要注意运输时的安全，根据断面和配筋方式采取不同的措施防止出现裂缝等现象，还需要考虑搬运到现场之后的施工性能等，如图 7-1 所示。阳台板、楼梯应采用平放运输，用槽钢作搁支点并用保险带扣牢，必须单块运输，不得叠放。

图 7-1　预制构件运输保护

装车和卸货时要小心谨慎。运输台架和车斗之间要放置缓冲材料，长距离或者海上运输时，需对构件进行包框处理，防止造成边角的缺损，如图 7-2 所示。运输过程中为了防止构件发生摇晃或移动，要用钢丝或夹具对构件进行充分固定。要走运输计划中规定的道路，并在运输过程中安全驾驶，防止超速或急刹车现象。

图 7-2　预制构件成品保护

预制构件的堆放场地应坚实平整，地面不能呈现凹凸不平。规划储存场地要根据不同预制构件堆垛层数和构件的重量核算地基承载力。现场裸露的土体场地需进行场地硬化。原则上墙板采用竖放方式，楼面板、屋顶板和柱构件可采用平放或竖放方式，梁构件采用平放方式。

1）平放时的注意事项：在水平地基上并列放置 2 根木材或钢材制作的垫木，放上构件后可在上面放置同样的垫木，再放置上层构件，一般构件放置不宜超过 6 层。上下层垫木必须放置在同一条线上，如果垫木上下位置之间存在错位，构件除了承受垂直荷载，还要承受弯矩和剪力，有可能导致构件损坏。

2）竖直时的注意事项：要将地面压实并浇筑混凝土等，铺设路面要整修为粗糙面，防止架体滑动。使用脚手架搭台存放预制构件时，要固定预制构件两端。要保持构件的垂直或者一定角度，并使其保持平衡状态。立体构件要根据各自形状和配筋选择合适的存放方式。

存放时，采取保护措施，保证构件不会发生变形。成品应按合格区、待修区和不合格区分类堆放，并标识如工程名称、构件符号、生产日期、检查合格标志等。堆放构件时应使构件与地面之间留有空隙，须放置在木头或软性材料上（如塑料垫片），堆放构件的支垫应坚实。堆垛之间宜设置通道，必要时应设置防止构件倾覆的支撑架。连接止水条、高低口、墙体转角等薄弱部位，应采用定型保护垫块或专用式套件作加强保护。预制外墙板宜采用插放或靠放，堆放架应有足够的刚度，并应支垫稳固；对采用靠放架立放的构件，宜对称靠放，与地面倾斜角度宜大于80°，宜将相邻堆放架连成整体，如图 7-3 所示。长时间储存时，需对金属配件和钢筋等进行防锈处理。

图 7-3　预制构件堆放

 课后习题

填空题

1. 重型、中型载货汽车，半挂车载物，高度从地面起不得超过_____m，载运集装箱的车辆不得超过_____m。

2. 梁、柱构件通常采用_____运输方式，也要采取措施防止运输过程中构件散落。

任务3　预制混凝土构件的进场检查

任务目标

1. 能描述预制构件的外观质量检查的内容。
2. 能描述预制构件进场尺寸偏差检查的内容。

装配式混凝土结构
质量控制（三）

知识链接

一、预制构件外观质量检查

预制构件外观质量应根据缺陷类型和缺陷程度进行分类，并应符合表 7-9 的分类规定。预制构件外观质量不应有严重缺陷，产生严重缺陷的构件不得使用。产生一般缺陷时，应由预制构件生产单位或施工单位进行修整处理，修整技术处理方案经监理单位确认后方可实施，经修整处理后的预制构件应重新检查。检查数量为全数检查。检查方法是观察和检查技术处理方案。

表 7-9　预制构件外观质量缺陷

名称	现象	严重缺陷	一般缺陷
露筋	构件内钢筋未被混凝土包裹而外露	主筋有露筋	其他钢筋有少量露筋
蜂窝	混凝土表面缺少水泥砂浆面形成石子外露	主筋部位和搁置点位置有蜂窝	其他部位有少量蜂窝
孔洞	混凝土中孔穴深度和长度均超过保护层厚度	构件主要受力部位有孔洞	非受力部位有孔洞
夹渣	混凝土中夹有杂物且深度超过保护层厚度	构件主要受力部位有夹渣	其他部位有少量夹渣

（续）

名称	现象	严重缺陷	一般缺陷
疏松	混凝土中局部不密实	构件主要受力部位有疏松	其他部位有少量疏松
裂缝	缝隙从混凝土表面延伸至混凝土内部	构件主要受力部位有影响结构性能或使用功能的裂缝	其他部位有少量不影响结构性能或使用功能的裂缝
连接部位缺陷	构件连接处混凝土缺陷及连接钢筋、连接件松动、灌浆套筒未保护	连接部位有影响结构传力性能的缺陷	连接部位有基本不影响结构传力性能的缺陷
外形缺陷	内表面缺棱掉角、棱角不直、翘曲不平等；外表面面砖黏结不牢、位置偏差、面砖嵌缝没有达到横平竖直、转角面砖棱角不直、面砖表面翘曲不平等	清水混凝土构件有影响使用功能或装饰效果的外形缺陷	其他混凝土构件有不影响使用功能的外形缺陷
外表缺陷	构件内表面麻面、掉皮、起砂、沾污等；外表面面砖污染、预埋门窗框破坏	具有重要装饰效果的清水混凝土构件、门窗框有外表缺陷	其他混凝土构件有不影响使用功能的外表缺陷，门窗框不宜有外表缺陷

二、预制构件尺寸偏差检查

预制剪力墙构件长度测量示意如图 7-4 所示，使用钢卷尺分别对预制剪力墙构件的上部、下部进行测量，测量的位置分别为从构件顶部下 500mm，底部以上 800mm 中取两者较大值作为该构件的偏差值，与预制构件厂的出厂检查记录对比，允许偏差为 5mm。

预制剪力墙构件高度、对角线尺寸测量示意如图 7-5 所示，预制剪力墙构件厚度尺寸测量示意如图 7-6 所示。钢卷尺对构件的高度、厚度、对角线差进行测量。构件高度、厚度的测量方法采用钢尺量一端及中部，取其中偏差绝对值较大处；对角线差测量方法采用钢尺量两个对角线。高度允许偏差为 4mm，厚度允许偏差为 3mm，对角线允许偏差为 5mm。

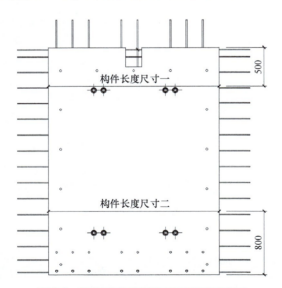

图 7-4 预制剪力墙构件长度测量示意图

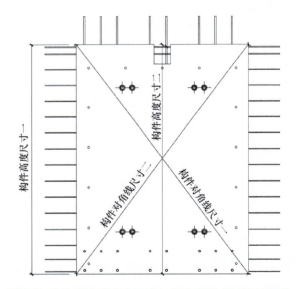

图 7-5 预制剪力墙构件高度、对角线尺寸测量示意图

预制剪力墙构件侧向弯曲测量示意如图 7-7 所示，使用拉线、钢尺对预制剪力墙构件最大侧向弯曲处进行测量，允许偏差为 $L/1000$（L 为构件长边的长度），且≤10mm（与预制构件厂的出厂检查记录对比）。

预制剪力墙构件墙内、外平整度测量示意如图 7-8 所示，使用 2m 靠尺和金属塞尺对构件内外的平整度进行测量。墙板抹平面（内表面）允许误差为 5mm，模具面（外表面）允许误差为 3mm。

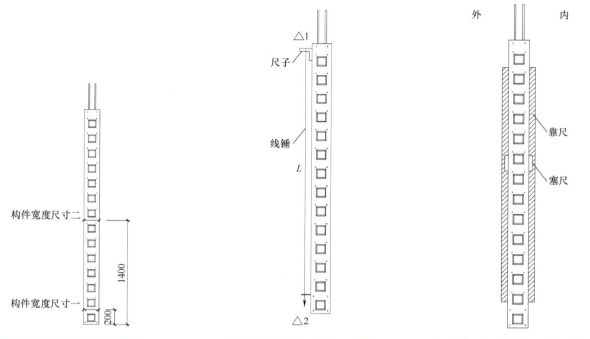

图 7-6　预制剪力墙构件厚度
尺寸测量示意图

图 7-7　侧向弯曲测量示意图

图 7-8　内、外平整测量示意图

　　预制构件尺寸偏差应符合国家有关标准及设计规定，现以我国某地区的控制要求举例说明。预制墙板构件的尺寸允许偏差和检查方法应符合表 7-10 的规定。检查数量：对同类构件，按同日进场数量的 5% 且不少于 5 件抽查，少于 5 件则全数检查。检查方法：用钢尺、拉线、靠尺、塞尺检查。

表 7-10　预制墙板构件的尺寸允许偏差和检查方法

项目		允许偏差/mm	检查方法
外墙板	高度	±3	钢尺检查
	宽度	±3	钢尺检查
	厚度	±3	钢尺检查
	对角线差	5	钢尺量两个对角线
	弯曲	$L/1000$ 且 ≤20	拉线、钢尺量最大侧向弯曲处
	内表面平整	4	2m 靠尺和塞尺检查
	外表面平整	3	2m 靠尺和塞尺检查

注：L 为构件长边的长度。

　　预制柱、梁构件的尺寸允许偏差和检查方法应符合表 7-11 的规定。检查数量：对同类构件，按同日进场数量的 5% 且不少于 5 件抽查，少于 5 件则全数检查。检查方法：用钢尺、拉线、靠尺、塞尺检查。

　　叠合板、阳台板、空调板、楼梯构件的尺寸允许偏差和检查方法应符合表 7-12 的规定。检查数量：对同类构件，按同日进场数量的 5% 且不少于 5 件抽查，少于 5 件则全数检查。检查方法：用钢尺、拉线、靠尺、塞尺检查。

　　预埋件和预留孔洞的尺寸允许偏差和检查方法应符合表 7-13 的规定。检查数量：根据抽查的构件数量进行全数检查。检查方法：用钢尺、靠尺、塞尺检查。

表 7-11　预制柱、梁构件的尺寸允许偏差和检查方法

项目		允许偏差/mm	检查方法
预制柱	长度	±5	钢尺检查
	宽度	±5	钢尺检查
	弯曲	L/750 且≤20	拉线、钢尺量最大侧向弯曲处
	表面平整	4	2m 靠尺和塞尺检查
预制梁	高度	±5	钢尺检查
	长度	±5	钢尺检查
	弯曲	L/750 且≤20	拉线、钢尺量最大侧向弯曲处
	表面平整	4	2m 靠尺和塞尺检查

注：L 为构件长边的长度。

表 7-12　叠合板、阳台板、空调板、楼梯构件的尺寸允许偏差和检查方法

项目		允许偏差/mm	检查方法
叠合板、阳台板、空调板、楼梯	长度	±5	钢尺检查
	宽度	±5	钢尺检查
	厚度	±3	钢尺检查
	弯曲	L/750 且≤20	拉线、钢尺量最大侧向弯曲处
	表面平整	4	2m 靠尺和塞尺检查

注：L 为构件长边的长度。

表 7-13　预埋件和预留孔洞的尺寸允许偏差和检查方法

项目		允许偏差/mm	检查方法
预埋钢板	中心线位置	5	钢尺检查
	安装平整度	2	靠尺和塞尺检查
预埋管、预留孔	中心线位置	5	钢尺检查
预埋吊环	中心线位置	10	钢尺检查
	外露长度	+8，0	钢尺检查
预留洞	中心线位置	5	钢尺检查
	尺寸	±3	钢尺检查
预埋螺栓	螺栓位置	5	钢尺检查
	螺栓外露长度	±5	钢尺检查

　　预制构件预留钢筋规格和数量应符合设计要求，预留钢筋位置及尺寸允许偏差和检查方法应符合表 7-14 的规定。检查数量：根据抽查的构件数量进行全数检查。检查方法：观察、用钢尺检查。

表 7-14　预制构件预留钢筋位置及尺寸允许偏差和检查方法

项目		允许偏差/mm	检查方法
预留钢筋	间距	±10	钢尺量连续三档，取最大值
	排距	±5	钢尺量连续三档，取最大值
	弯起点位置	20	钢尺检查
	外露长度	+8，0	钢尺检查

预制构件饰面板（砖）的尺寸允许偏差和检查方法应符合表 7-15 的规定。检查数量：根据抽查的构件数量进行全数检查。检查方法：用钢尺、靠尺、塞尺检查。

表 7-15　预制构件饰面板（砖）的尺寸允许偏差和检查方法

项目	允许偏差/mm	检查方法
表面平整度	2	2m 靠尺和塞尺检查
阳角方正	2	2m 靠尺检查
上口平直	2	拉线，钢直尺检查
接缝平直	3	钢直尺和塞尺检查
接缝深度	1	
接缝宽度	1	钢直尺检查

预制构件门框和窗框的尺寸允许偏差和检查方法应符合表 7-16 的规定。检查数量：根据抽查的构件数量进行全数检查。检查方法：用钢尺、靠尺检查。

表 7-16　预制构件门框和窗框的尺寸允许偏差和检查方法

项目		允许偏差/mm	检查方法
门窗框	位置	±1.5	钢尺检查
	高、宽	±1.5	钢尺检查
	对角线	±1.5	钢尺检查
	平整度	1.5	靠尺检查
锚固脚片	中心线位置	5	钢尺检查
	外露长度	+5，0	钢尺检查

三、预制构件预埋件检查

预制剪力墙构件预埋件检查示意如图 7-9 所示，使用量尺检查。预埋件安装用吊环中心线位置允许误差为 10mm，外露长度为+10mm、0mm。预埋内螺母中心线位置允许误差为 10mm，与混凝土平面高差为 0mm、−5mm。预埋木砖中心线位置允许误差为 10mm，预埋钢板中心线位置允许误差为 5mm，与混凝土平面高差为 0mm、−5mm。预留孔洞中心线位置允许误差为 5mm，洞口尺寸允许误差为+10mm、0mm。

依据预制构件制作图确认甩出钢筋的长度是否正确，支撑用预埋件是否漏埋、是否堵塞。预留钢筋中心线位置、外露长度等都要用尺量检查，预埋套筒的中心线位置、与混凝土表面高差等都要用尺量检查，并且与预制构件厂的出厂检查记录对比。预留插筋中心线位置允许误差为 5mm；主筋外留长度允许误差；竖向主筋（套筒连接用）为 10mm，非套筒连接用为 10mm、−5mm。预埋套筒与混凝土平面高差为 0mm、−5mm，支撑、支模用预埋螺栓以及预埋套筒中心线位置允许误差为 2mm。

四、预制构件灌浆孔检查

预制构件灌浆孔检查如图 7-10 所示。检查灌浆孔是否通畅。检查方法如下：使用细钢筋丝从上部灌浆孔伸入套筒，如从底部可伸出，并且从下部灌浆孔可看见细钢丝，即畅通。检查完要与预制构件厂的出厂检查记录对比。预制剪力墙构件套筒灌浆孔是否畅通必须全数 100% 检查。

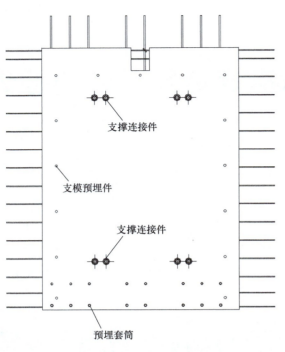

图 7-9　预制剪力墙构件预埋件检查示意图

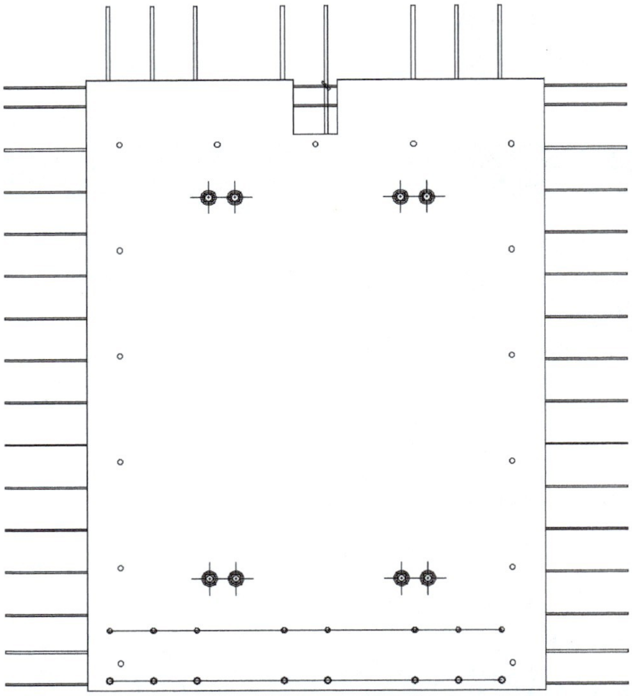

图 7-10　预制构件灌浆孔检查示意图

课后习题

填空题

1. 预制构件尺寸偏差应符合国家有关标准及设计规定，检查数量：对同类构件，按同日进场数量的_____且不少于 5 件抽查，少于 5 件则_____。

2. 预制剪力墙构件套筒灌浆孔是否畅通必须_____检查。

任务 4　装配式混凝土结构质量验收

任务目标

1. 了解装配式混凝土结构质量验收的程序。
2. 熟悉构件装配质量验收方法与标准。

知识链接

一、质量验收程序

1. 主体结构验收组织及验收人员

由建设单位负责组织实施建设工程主体验收工作，该工程的建设、施工、监理、设计、勘察等单位参加，预制构件生产单位也应参加；重点对于预制构件就位后质量状况、安装好的预制构件及同现浇结构相关部位的连接进行检查验收，对预制构件留管留洞及同现浇结构各种留洞留管能否顺利衔接进行检查验收，保证主体结构无安全隐患，使用功能良好。

2. 主体工程验收的程序

1）建设工程主体验收按施工企业自评、设计认可、监理核定、业主验收、政府监督的程序进行。

2）施工单位主体结构工程完工后，向建设单位提交建设工程质量施工单位（主体）报告，申请主体工程验收。

3）监理单位核查施工单位提交的建设工程质量施工单位（主体）报告，对工程质量情况做出评价，填写建设工程主体验收监理评估报告。

4）建设单位审查施工单位提交的建设工程质量施工单位（主体）报告，对符合验收要求的工程，组织设计、施工、监理等单位的相关人员组成验收组进行验收。

二、构件装配质量验收方法与标准

1. 预制构件进场质量要求

装配式结构作为混凝土结构子分部工程的一个分项进行验收。装配式结构分项工程的验收包括预制构件进场、预制构件安装以及装配式结构特有的钢筋连接和构件连接等内容。对于装配式结构现场施工中涉及的模板支设、钢筋绑扎、混凝土浇筑等内容，应分别纳入模板、钢筋、混凝土等分项工程进行验收。预制构件包括在工厂生产和施工现场制作的构件，现场制作的预制构件应按《混凝土结构工程施工质量验收规范》（GB 50204—2015）的规定进行各分项工程验收；工厂生产的预制构件应按规定进行进场验收。装配整体式混凝土结构工程施工质量验收预制构件进场，应由监理工程师组织施工单位项目负责人和项目技术负责人，重点检查结构性能、预制构件的粗糙面的质量及键槽的数量等是否符合设计要求，并按下述进场检验要求进行验收。在预制构件安装过程中，要对安装质量进行检查。

2. 隐蔽工程验收要求

施工现场在连接节点及叠合构件浇筑混凝土之前，应进行隐蔽工程验收，其内容如下：

1）混凝土粗糙结合面，键槽的尺寸、数量、位置。

2）后浇混凝土处钢筋的规格、数量、位置、间距、锚固长度等。

3）钢筋连接方式、接头位置、接头数量、接头面积百分比、搭接长度、锚固方式及长度。

4）预埋件、预留管线、预留盒、预留孔、预留洞的数量、规格、位置。

3. 预制构件主控项目

1）生产企业的梁板类预制构件进场时应有结构性能检验。

2）其他预制构件，除设计有专门要求外，可不进行结构性能检验，但是应采取施工单位或监理单位代表驻厂监造方式，或预制构件进场时对其受力钢筋数量、规格、间距、保护层厚度及混凝土强度进行检测并出具报告（由有资质的第三方检测单位进行）。

检验数量：同一类预制构件不超过1000个为一批，每批随机抽取1个构件进行结构性能检验。

检验方法：检查结构性能检验报告或实体检验报告。

3）预制构件的外观质量不应有严重缺陷，且不宜有影响结构性能和安装、使用功能的尺寸偏差。

检查数量：全数检查。

检验方法：观察，尺量。

4）预制构件上预留插筋、预埋件、预留管线的规格、数量及预留孔洞的数量、位置应符合设计要求。

检查数量：全数检查。

检验方法：观察，尺量。

4. 预制构件一般项目

1）预制构件应有标识，预制构件进场检查应在明显部位标明生产单位、构件型号、生产日期和质量验收标志。

检查数量：全数检查。

检验方法：观察。

2）预制构件的外观质量不应有一般缺陷。对已经出现的一般缺陷，应按技术处理方案进行处理，并重新检查验收。

检查数量：同类型构件，不超过100件为一批，抽查5%且不少于3件。

检验方法：尺量检查。

3）预制构件尺寸偏差及检验方法应符合规范《混凝土施工质量验收规范》（GB 50204—2015）的规定。

4）预制构件粗糙面质量及键槽的尺寸、数量、位置应符合要求。

检查数量：全数检查。

检验方法：观察。

5. 预制构件连接与安装主控项目

1）预制构件安装临时固定及支撑措施应有效可靠，符合施工方案的要求。

检查数量：全数检查。

检验方法：观察。

2）钢筋采用套筒灌浆应符合《钢筋套筒灌浆连接应用技术规程》（JGJ 355—2015），其质量必须符合有关规程的规定。

检查数量：同种直径每完成1000个接头制作一组试件，每组试件3个接头。

检验方法：检查质量证明文件和接头力学性能试验报告。

3）施工现场钢筋套筒接头灌浆料强度要满足设计要求。

检查数量：每楼层不少于3组，每楼层每工作班灌浆接头留置一组试件，每组3个试块，试块规格为40mm×40mm×160mm。

检验方法：检查试件强度试验报告及评定记录。

4）钢筋采用金属波纹管灌浆应符合相关标准的规定。

检查数量：同种直径每完成1000个接头时制作一组试件，每组试件3个接头。

检验方法：检查质量证明文件和接头力学性能试验报告。

5）施工现场金属波纹管接头灌浆料强度要满足设计要求。

检查数量：每楼层不少于3组，每楼层每工作班灌浆接头留置一组试件，每组3个试块，试块规格为40mm×40mm×160mm。

检验方法：检查试件强度试验报告及评定记录。

6）钢筋采用挤压接头连接时，应符合《钢筋机械连接技术规程》（JGJ 107—2016）的要求。

检查数量：挤压接头检验以500个接头为一个验收批。

检验方法：观察检查。

7）剪力墙底部坐浆料强度应符合相关规定。

检查数量：每楼层每工作班留置一组，每组3个试块，试块规格为70.7mm×70.7mm×70.7mm。

检验方法：检查试件强度试验报告及评定记录。

8）装配式结构采用焊接、螺栓等进行连接时，施工质量验收应符合现行国家标准《钢结构工程施工质量验收标准》（GB 50205—2020）和《钢筋焊接及验收规程》（JGJ 18—2012）的相关要求。

9）预制构件之间、预制构件与现浇混凝土的连接应符合设计要求。连接混凝土强度应符合的要求。

检查数量：全数检查。

检验方法：检查混凝土强度试验报告。

10）装配式混凝土施工后，其外观质量不应有严重缺陷，且不宜有影响结构性能和安装、使用功能的尺寸偏差。

检查数量：全数检查。

检验方法：观察，尺量。

6. 预制构件连接与安装一般项目

1）装配式混凝土施工后，其外观质量不应有一般缺陷。

检查数量：全数检查。

检验方法：观察，尺量。

2）装配式混凝土施工后位置、尺寸偏差及检验方法应符合规定。

检查数量：装配整体式混凝土结构安装完毕后，按楼层、结构缝或施工段划分检验批。在同一检验批内，对于梁、柱，应抽查构件数量的10%，且不少于3件；对于墙和板，应按有代表性的自然间抽查10%，且不少于3间；对大空间结构，墙可按相邻轴线间高度5m左右划分检查面，板可按纵、横轴线划分检查面，抽查10%，且均不少于3面。预制构件安装尺寸的允许偏差及检验方法见表7-17。

检验方法：观察、尺量检查。

表 7-17 预制构件安装尺寸的允许偏差及检验方法

项目			允许偏差/mm	检验方法
构件中心线对轴线位置	基础		15	尺量检查
	竖向构件（柱、墙板、桁架）		10	
	水平构件（梁、板）		5	
构件标高	梁、板底面或顶面		±5	水准仪或尺量检查
	柱、墙板顶面		±3	
构件垂直度	柱、墙板	<5m	5	经纬仪量测
		≥5m 且<10m	10	
		≥10m	20	
构件倾斜度	梁、桁架		5	垂线、钢尺检查
相邻构件平整度	板端面		5	钢尺、塞尺量测
	梁、板下表面	抹灰	5	
		不抹灰	3	
	柱、墙板侧表面	外露	5	
		不外露	10	
构件搁置长度	梁、板		±10	尺量检查
支座、支垫中心位置	板、梁、柱、墙板、桁架		10	尺量检查
接缝宽度			±5	尺量检查

3）外墙板接缝的防水性能应符合设计要求。

检查数量：按批检验。每1000m²外墙面积应划分为一个检验批，不足1000m²时也应划分为一个检验批；每个检验批每100m²应至少抽查一处，每处不得少于10m²。

检验方法：检查现场淋水试验报告。

7. 预制构件成品保护

预制楼梯吊装安装完毕后及时钉制多层板防护；其他构件易撞、易破损部位粘贴塑料护角进行保护；预留洞口及预留管线钉制多层板或使用成品护具进行覆盖保护，如图 7-11 所示。

图 7-11　成品保护

课后习题

简答题

简述装配式混凝土结构质量验收程序。

项目八
装配式混凝土结构安全施工

 项目概述

本项目主要介绍预制构件在运输堆放、起吊设备、吊安装过程中的安全措施以及安全管理措施。

 项目目标

了解预制构件运输安全控制要点；能描述塔式起重机和履带式起重机安全管理要点；能说出吊安装过程中的安全措施及安全注意事项。

任务1　预制构件运输堆放安全措施

 任务目标

1. 能说出预制构件运输安全控制要点。
2. 能说出预制构件堆放安全施工要点。

 知识链接

装配式混凝土结构
安全施工

一、预制构件运输安全控制要点

构件运输车辆驾驶员在运输前应熟悉现场道路情况，驾驶运输车辆应按照现场规划的行车路线行驶（图8-1），避免由于驾驶员对场地内道路情况不熟悉而导致车辆中途无法掉头等问题，造成可能的安全隐患。

图 8-1　预制构件运输

预制构件卸车时，应首先确保车辆平衡，并按照一定的装卸顺序进行卸车，避免由于卸车顺序不合理导致车辆倾覆等安全事故。预制构件卸车后，应按照现场要求，将构件按编号或按使用顺序依次存放于构件堆放场地，严禁乱摆乱放，从而造成构件倾覆等安全事故。构件堆放场地应设置合理、稳妥的临时固定措施，避免构件存放时因固定措施不足而导致可能的安全隐患。

二、预制构件堆放安全施工要点

1. 施工现场构件堆场布置

装配整体式混凝土结构施工，构件堆场在施工现场占有较大的面积，预制构件较多，必须合理有序地对预制构件进行分类布置管理。施工现场构件堆放场地不平整、刚度不够、存放不规范等都有可能使预制构件歪倒，引发人身伤亡事故。因此，构件存放场地宜为混凝土硬化地面或经人工处理的自然地坪，应满足平整度和地基承载力的要求。不同类型构件之间应留有不少于 0.7m 的人行通道，预制构件装卸、吊装工作范围内不应有障碍物，并应有满足构件的吊装、运输、作业、周转等工作内容的相关要求。

2. 混凝土预制构件堆放安全措施

（1）预制墙板的放置 预制墙板根据其受力特点和结构特点，宜采用专用钢制靠放架对称插放或靠放存放，靠放架应有足够的刚度，并支垫稳固。预制外墙板宜对称靠放，外墙挂板往往外表面有饰面层，外饰面应朝外放置，用模塑聚苯板或其他轻质材料包覆，预制内外墙板与地面倾斜角不宜小于 80°，构件与刚性搁置点之间应设置柔性垫片，防止构件歪倒砸伤作业人员。

（2）预制板类构件 预制板类构件可采用叠放方式平稳存放，其叠放高度应按构件强度、地面耐压力、垫木强度以及垛堆的稳定性而确定，构件层与层之间应垫平、垫实，各层支垫应上下对齐，最下面一层支垫应通长设置，楼板、阳台板预制构件储存宜平放，采用专用存放架支撑，叠放储存不宜超过 6 层。

（3）梁、柱构件放置 梁、柱等构件宜水平堆放，预埋吊装孔的表面朝上，且采用不少于两条垫木支撑，构件底层支垫高度不低于 100mm，且应采取有效的防护措施，防止构件侧翻造成安全事故。

预制构件堆放效果如图 8-2 所示。

图 8-2 预制构件堆放

课后习题

简答题

1. 简述预制构件运输安全控制要点。
2. 简述预制构件堆放安全施工要点。

任务 2 起重机械设施安全管理

任务目标

1. 能描述塔式起重机安全管理要点。
2. 能描述履带式起重机安全管理要点。

知识链接

吊装设备选型及布置应满足最不利构件吊装要求，严禁超载吊装。起吊前应检查吊装机械、吊具、钢索是否完好，吊环及吊装螺栓旋入内置螺母的深度应满足施工验算要求，并加强检查频率。吊装作业时应设置吊装区，周围设置警戒区，非作业人员严禁入内。起重臂和重物下方严禁有人停留、作业或通过。开始起吊时，应先将构件吊离地面 200~300mm 后停止起吊，并检查吊装机械设备的稳定性、制动装置的可靠性、构件的平衡性和绑扎的牢固性等，待确认符合要求后方可继续起吊。在做吊装回转、俯仰吊臂、起落吊钩等动作前，应鸣声示意。

吊运过程应平稳，不应有大幅度摆动，不应突然制动（图 8-3）。构件应采用垂直吊运，严禁采用斜拉、斜吊，吊起的构件应及时就位；吊运预制构件时，下方禁止站人，不得在构件顶面上行走，必须待吊物降落至离地 1m 以内方准靠近，就位固定后，方可脱钩；吊装作业不宜在夜间进行。在风力达到 5 级及以上或大雨、大雪、大雾等恶劣天气时，应停止露天吊装作业。重新作业前，应先试吊，并应确认各种安全装置灵敏可靠后进行作业；起重机停止工作时，应刹住回转和行走机构，关闭、锁好驾驶室门；吊钩上不得悬挂物件，并应升到高处，以免其摆动伤人。

图 8-3 塔式起重机安全控制

一、塔式起重机安全使用管理

1. 做好安全技术交底

对塔式起重机驾驶员和起重工做好安全技术交底，以加强安全意识，每一台塔式起重机，必须有 1 名以上专职、经培训合格后持证上岗的指挥人员。指挥信号明确，必须用旗语或对讲机进行指挥。塔式起重机应由专职人员操作和管理，严禁违章作业和超载使用，宜采用可视化系统操作和管理预制构件吊装就位工序。

2. 塔式起重机与输电线之间的安全距离应符合要求

塔式起重机与输电线的安全距离达不到规定要求的，通过搭设非金属材料防护架进行安全防护。

3. 提前绘制现场平面图，并确定塔式起重机的具体内容

当多台塔式起重机在同一工程中使用时，要充分考虑相邻塔式起重机之间的吊运方向、塔臂转动位置、起吊高度、塔臂作业半径内的交叉作业、相邻塔式起重机的水平安全距离，由专业信号工设限位哨加强彼此之间的安全控制。

4. 同一施工地点有两台以上塔式起重机的情况

当同一施工地点有两台以上塔式起重机时，应保持两机间任何接近部位（包括吊重物）距离不得小于2m。

5. 动臂式和尚未附着的自升式塔式起重机

对于动臂式和尚未附着的自升式塔式起重机，夜间施工要有足够的照明。

6. 坚持"十"不吊

作业完毕，应断电锁箱，搞好机械的"十字"作业工作。十不吊的内容：①斜吊不吊；②超载不吊；③散装物装得太满或捆扎不牢不吊；④吊物边缘无防护措施不吊；⑤吊物上站人不吊；⑥指挥信号不明不吊；⑦埋在地下的构件不吊；⑧安全装置失灵不吊；⑨光线阴暗看不清吊物不吊；⑩六级以上强风不吊。

7. 塔式起重机安全操作管理规定

1）塔式起重机起吊前应对吊具与索具检查，确认合格后方可起吊。

2）塔式起重机使用前，应检查各金属结构部件和外观情况是否完好。现场安装完毕后应按有关规定进行试验和试运转，确保空载运转时声音正常、重载试验制动可靠。

3）塔式起重机在现场安装完毕后应重新调节好各种保护装置和限位开关；各安全限位和保护装置齐全完好，动作灵敏可靠。塔式起重机传动装置、指示仪表、主要部位连接螺栓、钢丝绳磨损情况、供电电缆等必须符合有关规定。

4）多台塔式起重机同时作业时，要听从指挥人员的指挥，必须保持往同一方向放置，不能随意旋转。塔式起重机的转向制动，要经常保持完好状态。当塔式起重机进行回转作业时，要密切留意塔式起重机起吊臂工作位置，留有适当的回转位置空间。

5）机械出现故障或运转不正常时应立即停止使用。作业中遇突发故障，应采取措施将吊物降落到安全地点，严禁吊物长时间悬挂在空中；及时在塔臂前端设置明显标志，并及时停机维修，决不能带病转动。

6）预制构件吊装时，应根据预先设置的吊点挂稳吊钩，零星材料起吊时，应用吊笼或钢丝绳绑扎牢固；在吊钩提升、起重小车或行走大车运行到限位装置前，均应减速缓行到停止位置，并应与限位装置保持一定距离。严禁采用限位装置作为停止运行的控制开关。

7）操作各控制器时，应依次逐步操作，严禁越挡操作。在变换运转方向时，应将操作手柄归零，待电机停止转动后再换向操作，力求平稳，严禁急开急停。

8）起重吊装作业中，操作人员临时离开操纵室时，必须切断电源。起重吊装作业完毕后，起重臂应转到顺风方向，并松开回转制动器，小车及平衡重置于非工作状态，吊钩宜升到离起重臂顶端2~3m处。应将每个控制器拨回零位，依次断开各开关，关闭操纵室门窗，断开电源总开关，打开高空指示灯。

8. 塔式起重机资料管理

施工企业或塔式起重机产权单位应将塔式起重机的生产许可证、产品合格证、安装许可证、地质勘查资料、使用说明书、电气原理图、液压系统图、司机操作证、塔式起重机基础图、塔式起重机安装方案、安全技术交底、主要零部件质保书（钢丝绳、高强连接螺栓、地脚螺栓及主要电气元件等）经地方特种设备检测中心检测合格后，获得安全使用证。

日常使用中要加强对塔式起重机的动态跟踪管理，作好台班记录、检查记录和维修保养记录（包括小修、中修、大修）并有相关责任人签字，在维修过程中所更换的材料及易损件要有合格证或质量保证书，并将上述材料及时整理归档，建立一机一档台账。

9. 塔式起重机拆装安全管理

塔式起重机的拆装是事故的多发阶段。因拆装不当和安装质量不合格而引起的安全事故占有很大的比重。塔式起重机拆装必须由具有资质的拆装单位进行作业，拆装要编制专项的拆装安全方案，方案要有安装单位技术负责人审核签字。拆装人员要经过专门的业务培训，有一定的拆装经验并持证上岗，同时要各工种人员齐全，岗位明确，各司其职，听从统一指挥，安排专人指挥，无关人员禁止入场，严格按照拆装程序和说明书的要求进行作业。当遇风力超过 4 级时要停止拆装，风力超过 5 级，塔式起重机要停止起重作业。特殊情况确实需要在夜间作业的要有足够的照明。

10. 塔式起重机安全装置设置管理

塔式起重机必须安装的安全装置主要有：起重力矩限制器、起重量限制器、高度限位装置、幅度限位器、回转限位器、吊钩保险装置、卷筒保险装置、风向风速仪、钢丝绳脱槽保险装置、小车防断绳装置、小车防断轴装置和缓冲器等。这些安全装置要确保完好且灵敏可靠，不得私自解除或任意调节，保证塔式起重机的安全使用。

11. 塔式起重机电气安全管理

按照《建筑施工安全检查标准》（JGJ 59—2011）要求，塔式起重机的专用开关箱也要满足"一机、一箱、一闸、一漏"的要求，漏电保护器的脱扣额定动作电流应不大于 30mA，额定动作时间不超过 0.1s。司机室里的配电盘不得裸露在外。电气柜应完好，关闭严密、门锁齐全，柜内电气元件应完好，线路清晰，操作控制机构灵敏可靠，各限位开关性能良好，定期安排专业电工进行检查维修。

12. 塔式起重机报废与年限

为保证塔式起重机安全使用，对于使用时间超过一定年限的塔式起重机应由有资质的评估机构进行安全性能评估，起重力矩在 630kN·m（不含 630kN·m）以下且出厂年限超出 10 年、起重力矩在 630~1250kN·m（不含 1250kN·m）的塔式起重机超过 15 年、起重力矩在 1250N·m 及以上塔式起重机超出 20 年时，经有资质单位评估合格后，做出合格、降级使用和不合格判定。对于合格、降级使用塔式起重机，起重力矩在 630N·m（不含 630kN·m）以下的塔式起重机评估有限期不得超过 1 年；起重力矩在 630~1250kN·m（不含 1250kN·m）的塔式起重机超过 15 年的评估有限期不得超过 2 年；起重力矩在 1250kN·m 及以上塔式起重机超出 20 年的评估有限期不得超过 3 年。

二、履带式起重机安全使用管理

履带式起重机工作时起重吊装的指挥人员必须持证上岗。履带式起重机作业时应与操作人员密切配合，操作人员按照指挥人员的信号进行作业，当信号不清或错误时，操作人员可拒绝执行。履带式起重机应在平坦坚实的地面上作业、行走和停放。在正常作业时，坡度不得大于 30°，并应与沟渠、基坑保持安全距离。履带式起重机启动前重点检查项目应符合下列要求：

1）各安全防护装置及各指示仪表齐全完好。

2）钢丝绳及连接部位符合规定。

3）燃油、润滑油、液压油、冷却水等添加充足。

4）各连接件无松动。

履带式起重机必须在平坦坚实的地面上作业，当起吊荷载达到额定重量的 80% 及以上时，工作动作应慢速进行，先将重物吊离地面 200~300mm，检查确认起重机的稳定性、制动器的可靠性、构件的绑扎牢固性后方可继续吊装，并禁止同时进行两种及以上动作。采用双机抬吊作业时，应选用起重性能相似和起重量相近的两台履带式起重机进行。抬吊时应统一指挥，动作应配合协调，载荷应分配合理，单机的起吊载荷不得超过允许载荷的 70%。在吊装过程中，两台履带式起重机的吊钩滑轮组应保持垂直状态。

当履带式起重机需带载行走时，行走道路应坚实平整，载荷不得超过允许起重量的 70%，重物应在履带式起重机正前方向，重物离地面不得大于 500mm，并应拴好拉绳，缓慢行驶。严禁长距离带载行驶。履带式起重机行走时，转弯不应过急；当转弯半径过小时，应分次转弯；当路面凹凸不平时，不得转弯。履带式起重机的变幅指示器、力矩限制器、起重量限制器以及各种行程限位开关等安全保护装置，应完好齐全、灵敏可靠，不得随意调整或拆除。严禁利用限制器和限位装置代替操纵机构。

履带式起重机作业时，起重臂和重物下方严禁有人停留、作业或通过；重物吊运时，严禁从人上方通过；严禁用履带式起重机载运人员。严禁使用履带式起重机进行斜拉、斜吊和起吊地下埋设或凝固在地面上的重物以及其他不明重量的物体。对于现场浇筑的混凝土预制构件，必须全部脱模后方可起吊。严禁起吊重物长时间悬挂在空中，作业中遇突发故障，应采取措施将重物降落到安全地方，并关闭发动机或切断电源后进行检修。在突然停电时，应立即把所有控制器拨到零位，断开电源总开关，并采取措施使重物降到地面。

操纵室远离地面的履带式起重机，在正常指挥发生困难时，地面及作业层（高空）的指挥人员均应使用对讲机等有效的通信工具联络进行指挥。在露天有 5 级及以上大风或大雨、大雪、大雾等恶劣天气时，应停止起重吊装作业。雨雪天气过后，在起吊作业工作前，应先试吊，确认制动器等部件灵敏可靠后方可进行作业。

履带式起重机的安全使用如图 8-4 所示。

图 8-4　履带式起重机的安全使用

 课后习题

简答题

1. 描述塔式起重机安全管理要点。
2. 吊装作业十不吊具体内容有哪些？

任务 3　预制构件吊安装安全措施

 任务目标

能说出预制构件吊安装过程中的安全措施及安全注意事项。

针对工程的施工特点，应对从事预制构件吊装的作业人员及相关施工人员进行有针对性的培训与交底，明确预制构件进场、卸车、存放、吊装、就位等环节可能存放的作业风险以及避免危险出现的措施。吊装现场应配备必要的灭火器材和急救药箱，防止突然事故发生。

吊装指挥系统是构件吊装的核心，也是影响吊装安全的关键因素。因此需成立吊装领导小组，为吊装制定完善和高效的指挥操作系统，绘制现场吊装设置平面图，实行定机、定人、定岗、定责任，使整个吊装过程有条不紊地顺利进行，避免由于指挥不当等问题而造成安全隐患。吊车驾驶员操作时，必须严格按操作规程操作，不准违章作业，严格执行"十不吊"，操作前必须有安全技术交底记录，并履行签字手续。

吊装施工前，应由安全部门向参加吊装作业的全体施工人员进行技术交底和安全交底。全体施工人员应认真学习交底内容，掌握必要的起重安全知识，熟悉有关规程规范的规定，并经有关部门考核合格后担任本职工作。

安装作业开始前，应对安装作业区进行封闭管理并树立明显的标识，拉警戒线，并安排专人看管，严禁与安装作业无关的人员进入。吊装前应密切注意天气变化，逢雨天或风力大于5级时，不得进行吊装作业。遇有恶劣天气或当风力在5级以上时，不得进行预制构件吊装施工。每次起重吊装前，质检员及安全员必须严格进行吊点连接检查。

现场吊装过程中，塔吊吊臂移动范围内，不准站人，必须用安全警戒线划出安全区域，设警戒标志，并应有专人负责，严禁任何人员进入，吊装时操作人员精力要集中并服从指挥号令，严禁违章作业。施工现场使用吊车作业时严格执行"十不吊"的规定。吊装过程中必须有统一的信号指挥，防止现场出现混乱。

吊运预制构件时，任何人员不得在工件下面、受力索具附近及其他危险地方停留。操作人员需待吊物降落至离地1m以内时再靠近吊物，预制构件就位固定后再进行脱钩。吊装过程中，如发生突发情况或因故暂停，施工人员不得慌乱，要听从指挥，及时采取安全措施，并加强现场警戒，迅速排除故障，不得使吊件长时间处于悬吊状态。

墙板、梁、柱等预制构件临时支撑必须牢固可靠。叠合楼板、叠合梁等水平预制构件支撑系统应经过计算设计，具有足够的承载力和稳定性。结构现浇部分的模板支撑系统不得利用预制构件下部临时支撑作为支点。预制外墙板吊装时，宜设置安全绳，操作人员应站在楼层内，配备穿芯自锁保险带并与安全绳或楼面内预埋件（点）扣牢。操作人员必须戴安全帽，高空作业还必须穿防滑鞋。登高作业应采用专用梯子，应采用缆风绳进行构件安装。预制外墙板吊装就位并固定牢固后，方可进行脱钩。高空构件装配作业时，严禁在结构钢筋上攀爬。高处作业使用的工具和零配件等，应采取防坠落措施，严禁上下抛掷。

预制构件安装安全如图8-5所示。

图8-5　预制构件安装安全

课后习题

填空题

1. 吊装施工前，应由_____向参加吊装作业的全体施工人员进行技术交底和安全交底。

2. 吊装前应密切注意天气变化，逢雨天或风力大于_____级时，不得进行吊装作业。

3. 操作人员需待吊物降落至离地_____m以内时再靠近吊物，预制构件就位固定后再进行脱钩。

项目概述

施工技术资料是装配式混凝土结构工程建设的一个重要组成部分，是装配式工程项目建设和竣工验收的必备条件，是工程质量的重要组成部分。为了加强施工技术资料管理，提高装配式工程管理水平，根据国家有关标准、规范要求和地方有关施工技术资料收集整理归档管理的规定。本项目主要对装配式混凝土结构资料与验收作简要阐述。

 项目目标

能识别建筑工程施工技术资料主要内容；能描述施工技术资料、竣工资料编制和组卷的相关内容。

任务1　建筑施工技术资料管理

 任务目标

了解建筑施工技术资料管理的主要内容、编制组卷和管理要求。

 知识链接

一、建筑工程施工技术资料主要内容

建筑工程施工技术资料的主要内容包括8项：施工管理资料、施工技术资料、施工记录、施工物资资料、施工试验记录、施工质量验收资料、施工安全管理资料和竣工图。

二、施工技术资料的编制、组卷、验收和移交

1. 施工技术资料的编制和组卷

1）质量要求。施工技术资料必须真实地反映工程施工过程中的实际情况，具有永久和长期保存价值的文件材料必须完整、准确、系统，各程序责任者的签章手续必须齐全。施工技术资料宜使用原件，如有特殊原因不能使用原件的，应在复印件或抄件上加盖公章并注明原件存放处。施工技术资料的签字必须使用档案规定用笔。施工技术资料采用打印的形式并手工签名。

2）载体形式。施工技术资料可采用载体形式：纸质载体、光盘载体。

3）施工技术资料组卷原则。施工技术资料应按照专业、系统划分并根据资料多少组成一卷或多卷。竣

工档案按单位工程组卷。竣工档案应按基建文件、施工技术资料和竣工图分别进行组卷。

2. 竣工资料的验收和移交

工程竣工验收后完成竣工资料的整理、汇总和移交工作。竣工资料编制完成后，须经企业技术管理部同意，方可向建设单位移交，办理正式移交手续，由双方单位负责人签章，最后送交建设单位。

3. 竣工资料预验收

送交地方城建档案馆的竣工资料应请档案馆对工程档案资料进行预验收，合格后在竣工验收后 3 个月内向档案馆移交。

三、施工技术资料管理

1. 施工技术资料管理的意义

1）施工技术资料是工程建设的一个重要组成部分，是工程项目建设和竣工验收的必备条件，是工程质量的重要组成部分。为了加强施工技术资料管理，提高工程管理水平，根据国家有关标准、规范要求和地方有关施工技术资料收集整理归档管理的规定，结合企业的实际情况和具体工程特点进行管理。

2）施工技术资料是企业依据有关管理规定，在施工全过程中所形成的应当存档保存的各种图纸、表格、文字、音像材料等技术文件材料的总称，它是评价施工单位的施工组织和技术管理水平的重要依据，是评定工程质量、竣工核验的重要依据，是工程竣工档案的基本内容，也是对工程进行检查、维护、管理、使用、改建和扩建的重要依据。

2. 施工技术资料的管理方式

施工技术资料实行计算机管理，凡按规定应向城建档案馆移交的工程档案，应过渡到电子工程档案。重点工程、大型工程的项目必须采用缩微品及光盘载体，其他工程宜采用缩微品及光盘载体。

3. 施工技术资料的管理要求与岗位职责

1）施工技术资料管理要求实行项目总工程师负责制。施工技术资料的编制必须符合国家有关法律、法规、规范、标准以及地方和企业的有关管理文件要求。

2）建立健全技术资料管理岗位责任制，企业应按规定建立工程档案室，负责工程档案的接收及归档后的档案管理工作。企业技术管理部和项目经理部均设专人负责技术资料的管理工作。

3）施工技术资料应随施工进度及时汇集、整理，所需表格按地方有关规范规定的相应格式认真填写，做到项目齐全、准确、真实、规范。

4）企业经营管理部与建设单位签订施工合同、项目经理部与专业分包单位签订施工合同时，应对分包工程施工技术资料及工程档案的编制责任、编制份数、移交期限以及编制费用做出明确规定。

5）施工技术资料原件不得少于 2 套，其中移交建设单位 1 套、企业保存 1 套并交档案室保管，保存期自竣工验收之日起不少于 5 年。

📖 **课后习题**

简答题

1. 建筑工程施工技术资料的主要内容包括哪些内容？

2. 竣工资料的验收和移交流程是什么？

任务2 预制装配式建筑施工资料管理

 任务目标

了解预制装配式建筑资料管理的主要内容、编制组卷、管理要求。

 知识链接

预制构件或部品生产企业对于生产过程形成的技术资料应及时收集整理，装配整体式混凝土结构现场施工过程中做好施工记录、施工日志、隐蔽工程验收记录及检验批、分项、分部（子分部）、单位工程验收记录等技术资料收集整理，为达到工程竣工顺利验收奠定基础。

1. 预制构件或部品生产企业质量保证资料应具备的内容

预制构件进场交付使用时，应向总包单位提供以下技术资料。

1）原材料合格证。包括钢筋及钢材、钢套筒、金属波纹管、混凝土、砂浆、保温材料、拉结件等材料的产品合格证。

2）复验报告。包括水泥、粗骨料、细骨料、外加剂、混凝土、灌浆料、保温材料、拉结件、钢套筒、金属波纹管等主要材料的复验报告。

3）预制构件出厂前的成品验收记录。包括外观质量，外形尺寸，钢筋、钢套筒、金属波纹管、预埋件、预留孔洞等。

4）预制构件附带的装饰面砖、石材的合格证及复试资料。

5）门窗框合格证及复试资料。

2. 装配整体式混凝土结构分项工程验收资料

（1）装配整体式混凝土结构分项工程验收资料

1）深化设计图纸、设计变更文件。

2）装配式结构工程施工所用各种材料及预制构件的各种相关质量证明文件。

3）施工组织设计及装配整体式混凝土专项施工方案及预制构件安装施工验收记录。

4）钢套筒（金属波纹管）灌浆连接的施工检验记录。

5）连接构造节点的隐蔽工程检查验收文件。

6）后浇筑混凝土强度检测报告，灌浆料或坐浆料强度检测报告。

7）钢筋机械连接或焊接检测报告。

8）密封材料及接缝防水检测报告。

9）结构实体检验记录。

10）工程的重大质量问题的处理方案和验收记录。

（2）装配式混凝土结构分项工程有关隐蔽验收记录

1）结构预埋件、钢筋规格及接头、螺栓连接、灌浆接头隐蔽验收记录等。

2）预制构件与结构连接处钢筋及混凝土的接缝面隐蔽验收记录。

3）预制混凝土构件接缝处防水、防火处理隐蔽验收记录。

3. 结构实体检验资料收集

1）对涉及结构安全的有代表性的部位应具有相应资质的检测单位进行结构实体检验，检验应在监理工

131

程师见证下，由施工单位项目技术负责人组织实施。

2）结构实体检验的内容包括预制构件结构性能检验和装配式结构连接性能检验两部分；装配式结构连接性能检验包括连接节点部位的后浇混凝土强度、钢筋套筒连接、金属波纹管或浆锚搭接连接的灌浆料强度、钢筋保护层厚度以及工程合同规定的其他检验项目；涉及装饰、保温、防水、防火等的性能要求，应按照设计要求或国家相应标准规定项目检验。

3）后浇混凝土的强度检验，应以在浇筑地点制备并与结构实体同条件养护的试件强度为依据。后浇混凝土的强度检验，也可根据合同约定采用非破损或局部破损的检测方法，按国家现行有关标准的规定进行。

4）灌浆料的强度检验，应以在灌注地点制备并标准养护的试件强度为依据。

5）当同条件养护的混凝土试件的强度检验结果符合现行国家标准《混凝土强度检验评定标准》（GB/T 50107—2010）的有关规定时，混凝土强度应判为合格。

预制构件相关验收所需记录表见表 9-1～表 9-4。

表 9-1 预制构件模具验收记录表

工程名称				预制构件模具编号								
生产班级				验收日期								
检查项目	质量检验标准的规定			检验记录								
主控项目	模具的材料和配件的品种、规格等应符合设计要求											
	模具部件和预埋件的连接固定											
	模具的缝隙应不漏浆											
一般项目	允许偏差/mm	长高	墙、板	0，-5								
			其他	±5								
		宽		1，-2								
		厚		1，-2								
		翼板厚		±1								
		肋宽		±2								
		檐高		±2								
		檐宽		±2								
		对角线差		Δ3								
		表现平度	清水面	Δ2								
			普通面	Δ3								

（续）

一般项目	允许偏差/mm	侧向弯曲	板	$L/1500$，且≤5									
			墙、板	$L/1500$，且≤5									
		翘曲		$L/1500$									
		拼板表面高低差		1									
		门窗口位置偏移		2									
		中心线位置偏移	预埋件、预留孔	3									
			预埋螺栓、螺母	2									

预制构件生产企业检验结果				年　　月　　日
建设单位	设计单位	施工单位	生产单位	监理单位

注：L 为构件长边的长度。

表 9-2　预制构件进场验收记录表

工程名称				
监理（建设）单位			验收日期	
施工单位			构件生产单位	
构件名称	附该批进场构件汇总表		构件规格	附该批进场构件汇总表
构件编号	附该批进场构件汇总表		构件生产日期	附该批进场构件汇总表
质量证明文件	构件厂家应提供证明文件，构件应有标识，需要进行结构检测的预制构件尚应提供有效的结构性能检验报告		产品合格证编号： 混凝土强度检测报告份数： 结构性能检测报告编号：	
构件外观质量	检查项目		检查情况	
	裂缝、蜂窝、夹渣、孔洞、露筋情况			
	缺棱掉角、棱角不直、翘曲不平、飞边凸肋等情况			
	构件连接处混凝土及连接钢筋、连接件情况			
	构件表面麻面、掉皮、起砂			
构件尺寸偏差	预制构件上的预埋件、插筋、预留孔洞、套筒及灌浆孔的规格、位置、数量			
构件结合面	键槽、粗糙面情况			
施工单位			监理单位	
施工单位验收结果： 施工单位项目技术负责人： 　　　　　　　　　　　　年　　月　　日			监理单位核查结论： 监理单位专业监理工程师： 　　　　　　　　　　　年　　月　　日	

表 9-3 预制构件安装与连接检验批质量验收记录表

工程名称			分部（子分部）工程名称				分项工程名称		
施工单位			项目负责人				检验批容量		
分包单位			分包单位项目负债人				检验批部位		
施工依据					验收依据				

	检查项目			最小/实际抽样数量	检查记录	检查结果
主控项目	1	预制构件临时固定措施应符合施工方案的要求		全数检查		
	2	灌浆应饱满、密实		全数检查		
	3	钢筋采用焊接连接时，接头质量		按国家现行相关标准规定		
	4	钢筋采用机械连接时，接头质量		按国家现行相关标准规定		
	5	预制构件采用焊接、螺栓连接等连接方式时，材料性能		按国家现行相关标准规定		
	6	采用现浇混凝土连接构件时，构件连接处后浇带混凝土强度		按 GB 50204—2015 第 7.4.1 条		
	7	外观质量不应有严重缺陷，且不应影响结构性能和安装、使用功能的尺寸偏差		全数检查		
一般项目	1	外观质量不应有一般缺陷		全数检查		
	2	构件曲线位置	坚向构件（柱、墙板、桁架）	8mm	按楼层、结构缝和施工段划分检验批。在同一检验批内，对梁、柱和独立基础，抽查构件数量的10%，且不应少于3件；对墙和板，应按有代表性的自然间抽查10%，且不应少于3间；对大空间结构，墙可按相邻轴线间高度5m左右划分检查面，板可按纵横轴线划分检查面，抽查10%，且不应少于3面		
			水平构件（梁、楼板）	5mm			
	3	标高	梁、柱、墙板楼板底面或顶面	±5mm			
	4	构件垂直度	柱、墙板安装后的高度 ≤6m	5m			
			>6m	10m			
	5	构件倾斜度	梁、桁架	5mm			
	6	相邻构件平整度	梁、楼板底面 外露	3mm			
			不外露	5mm			
			柱、墙板 外露	5mm			
			不外露	8mm			

（续）

	检查项目			最小/实际抽样数量	检查记录	检查结果
一般项目	7	构件搁置长度	梁、板 ±10mm	按楼层、结构缝和施工段划分检验批。在同一检验批内，对梁、柱和独立基础，抽查构件数量的10%，且不应少于3件；对墙和板，应按有代表性的自然间抽查10%，且不应少于3间；对大空间结构，墙可按相邻轴线间高度5m左右划分检查面，板可按纵横轴线划分检查面，抽查10%，且不应少于3面		
	8	支座、支垫中心位置	板、梁、柱、墙板、桁架 10mm			
	9	墙板接缝宽度	±5mm			
施工单位检查结果	专业工长： 项目专业质量检查员： 年 月 日					
监理单位验收结论	专业监理工程师： 年 月 日					

表 9-4 灌浆套筒施工检查记录表

工程名称					施工部位（构件编号）		
施工日期	年 月 日 时				灌浆料批号		
环境温度	℃				使用灌浆料总量		kg
材料温度	℃	水温	℃		浆料温度	℃	
搅拌时间	min	流动度	mm		水料比（加水率）	水： kg 料： kg	

检验结果

灌浆口、排浆口示意图（灌浆口、排浆口需编号标识）															
检查结果	灌浆口					排浆口									
	1	2	3	4	5	1	2	3	4	5	6	7	8	9	10
施工单位	灌浆作业人员					施工单位专职质量员					监理人员				

注：记录人员根据构件灌浆口、排浆口位置和数量画出草图，检验后将结果在图中相应的灌、排浆口位置做出标识。

课后习题

简答题

预制构件进场交付使用时，应向总包单位提供哪些技术资料？

项目概述

　　信息化施工是以建筑、结构、施工、水暖电等全生命周期的各项相关信息数据为基础，具有可视化、协调性、模拟性、优化性和可出图性五大特点。信息化施工在预制结构施工中的应用使得项目实施过程变得直观，各部门之间能够协调统一，既提高工程效率，避免重复劳动，又降低成本风险。本项目就预制构件在生产阶段和施工阶段的信息化应用做简要阐述。

 项目目标

　　1. 能描述预制构件在生产阶段的信息化应用。
　　2. 能说出预制构件在施工阶段的信息化应用。

任务1　预制构件在生产阶段的信息化应用

 任务目标

　　了解预制构件在生产阶段的信息化应用。

知识链接

　　在构件生产阶段，构件的信息模型可以辅助工厂进行内部管理。工厂从数字化平台中导出设计单位输入的构件设计参数，结合信息化加工（CAM）和制造企业生产过程执行管理系统（MES）技术，将预制构件的三维信息直接导入设备控制系统，做到信息与加工设备的无缝对接，实现预制构件的流程化和智能化制造。同时，由于除去了工厂的二次人工录入，减少了因人工录入导致的构件参数偏差，提高了生产构件的质量。

　　模型的数字化平台还可以根据预制构件厂提供的构件生产中的划线定位、模具拼装、振捣浇筑和脱模养护等一系列工序信息，将标准化的预制构件生产流程进行记录。在将来新建预制构件厂时，平台可以为新建厂提供预制构件生产流水线的相关信息，辅助新建厂进行选址、工作区规划和设备购买，并提供标准化的构件生产流程，辅助新建厂实现高标准、高要求和高效率的生产。装配式 BIM 构件生产如图 10-1 所示。

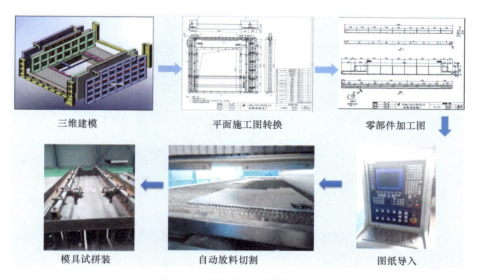

图 10-1　装配式 BIM 构件生产

任务 2　预制构件在施工阶段的信息化应用

任务目标

了解预制构件在施工阶段的信息化应用。

知识链接

一、场布策划

在装配式结构施工中场部策划是个比较重要的环节，其牵涉到车辆运输路线规划、塔式起重机运能、堆放场地加固等问题，同时需要与其他施工环节相联系，不能顾此失彼。通过 BIM 技术建立完整的场地模型，模拟构件进场路线及吊装情况，并结合塔式起重机运能范围，通过分析后在模型中确定合理的构件堆放场地及其他施工用料场地，通过场布规划实现对各种预制构件分类管理，确保每一块构件能够有序进场运至指定区域，方便施工人员吊装，如图 10-2 所示。同时也要注意以下问题：

1）塔式起重机需合理布置，同时需注意群塔施工。

2）施工场地中道路、堆场、进出口协调关系。

3）构件与建筑的距离及吊装设备工作半径。

4）构件堆放区域，同类不同编号的构件排布。

5）构件进场路线的规划，对施工的影响。

二、施工模拟

通过施工前借助 NavisWorks 软件，将结构模型、场地模型与项目施工计划相结合，生成具有时间属性的施工模拟动画（4D 模拟，如图 10-3 所示），可直观看到装配式施工的每一个步骤，查找可能存在的问题，如发现问题及时调整吊装方案，实现动态干涉，避免由于施工方案不详细导致各环节产生协调难和工期延误等问题。通过比较计划与实际进度，优化施工方案使其更加科学、严谨，并且符合实际施工要求，可以有效提高施工效率。

图 10-2　BIM 场布策划

图 10-3　BIM 施工模拟

三、碰撞检测

一般而言，预制装配项目中每层预制构件及相关附件数量比较多，有部分现浇施工部位，为了保证现场构件吊装时不发生错误、每个构件都能精准到位，施工前的碰撞检查必不可少，如图 10-4 所示。

传统 CAD 平面图存在不直观的缺点，即使再有经验的技术人员也很难凭借想象判断构件之间是否存在碰撞。如预制构件安装过程中需要斜撑来固定及调整角度，但斜撑及预埋件常常会与脚手架、模板，甚至楼板钢筋产生碰撞，但通过碰撞检测可在施工前发现问题，从而调整加固方式及预埋件位置，减少因方案考虑不足出现的窝工、返工问题，同时可减少一定的材料损耗。

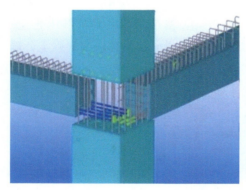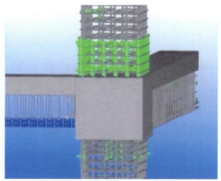

图 10-4　BIM 碰撞检测

四、辅助技术交底

由于装配式建筑施工尚属于新兴领域，施工工艺及理念与现浇方式有极大差别，再加上一线施工人员首次接触预制装配施工，对施工工艺了解也不够深入，这为施工带来了一定难度也对施工质量埋下了隐患。预制装配结构对节点连接要求较高，即使发生几毫米的位移偏差，也很可能影响到相邻构件的定位及安装，甚至影响到后续施工步骤，因此项目借助 BIM 技术辅助交底起到了很大的作用。

在施工前可以针对预制构件连接点和复杂节点，利用 BIM 技术的可视性放大节点细部制成交底文件，并且制作工序模拟动画，以用做施工前交底，同时在施工道路上设置 BIM 施工节点展板，展示新工艺新技术，以直观的方式加深施工人员对预制装配的理解，提升施工的准确性，如图 10-5 所示。

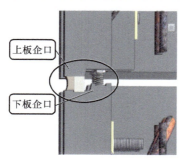

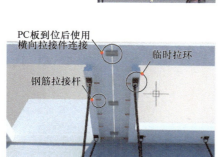

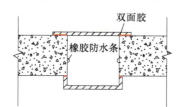

图 10-5　BIM 技术交底

五、进度管理

通过将 BIM 模型和进度计划进行关联，即时跟踪实际进度，并将实际进度和计划进度进行偏差对比分析；通过 BIM 模型的空间直观性，及时发现进度滞后情况并调整现场施工安排，进行现场进度的动态管理。此外，可根据实际进度与计划进度的对比形成周进度分析报告、月进度分析报告和总进度分析报告。

六、材料管理

由于施工中所用到的主材占整个项目的盈亏比重较大，因此控制好主材损耗是保证项目盈利的一个重要手段，通过 BIM 技术对主要材料进行了统计算量，并对主材诸如钢筋、模板等做一些合理的技术优化，特别针对模板算量，总结出一套自动排版辅助功能，可通过软件精确计算模板用量及开模方式，达到降低原材损耗，提高利用率的目的，如图 10-6 所示。并对其他构件、材料采用如下做法：

1）事前计划。在预制构件进场前，利用 BIM 技术通过对场地及施工现状分析，可以对构建采购量进行上限控制。这点对于场地狭小、工期紧的项目尤为重要。根据实际现场状况，快速测算不同阶段预制构件需求量，做好事前备料工作，防止构建进场过多和二次搬运问题，同样也可以对其他材料实现进场管控。

2）事中控制。施工过程中如果发生进度修正，可以利用 BIM 技术将现场施工情况与事前计划比较后，动态调整构件材料进场计划，做到对每个施工区域构建材料需求量的精确控制。

3）事后分析。根据施工计划节点或者时间段可以对预制构件、材料等进行盘点，分析材料实际用量与计划用量的差异，一方面为后续材料采购做控制依据，另外一方面可以及时发现材料浪费点，通过管理措施进行改进。

图 10-6　BIM 材料管理

参考文献

［1］王召新. 混凝土装配式住宅施工技术研究［D］. 北京工业大学，2012.

［2］叶浩文，叶明，樊则森. 装配式混凝土建筑设计［M］. 北京：中国建筑工业出版社，2017.

［3］宋亦工. 装配整体式混凝土结构工程施工组织管理［M］. 北京：中国建筑工业出版社，2017.

［4］叶浩文. 装配式混凝土建筑施工技术［M］. 北京：中国建筑工业出版社，2017.

［5］张金树，王春长. 装配式建筑混凝土预制构件生产与管理［M］. 北京：中国建筑工业出版社，2017.

［6］蒋勤俭. 住宅建筑工业化关键技术研究［J］. 科技导航，2003，（09）：34-36.

［7］阎明伟. 装配式混凝土结构施工组织管理和施工技术体系介绍［J］，工程质量，2014，32（6）：13-18.

［8］栗新. 工业化预制装配式（PC）住宅建筑的设计研究与应用［J］. 建筑施工，2008，30（3）：201-203.

［9］栗新. 预制复合保温外墙板设计研究与应用［J］. 建筑施工，2010，32（5）：463-466.

［10］李志杰，薛伟辰. 预制混凝土无机保温夹心外墙体抗火性能试验研究［J］. 建筑结构学报，2015，36（1）：59-67.

［11］许德峰. 装配式剪力墙结构外墙板问题研究［D］. 沈阳建筑大学，2013.

［12］李泽亮，周立新，田广平，等. 预制装配式墙板及叠合板安装施工技术［J］. 天津建设科技，2012，05：14-16.

［13］薛伟辰，王东方. 预制混凝土板、墙体系发展现状［J］. 工业建筑，2002，32（12）：57-60.

［14］张锡治，李义龙，安海玉. 预制装配式混凝土剪力墙结构的研究与展望［J］. 建筑科学，2014，30（1）：26-32.

［15］陈建伟，苏幼坡. 预制装配式剪力墙结构及其连接技术［J］. 世界地震工程，2013，29（1）：38-48.

［16］薛伟辰，胡翔. 上海市装配整体式混凝土住宅结构体系研究［J］. 住宅科技，2014，34（6）：5-9.

［17］薛伟辰，古徐莉，胡翔，等. 螺栓连接装配整体式混凝土剪力墙低周反复试验研究［J］. 土木工程学报，2014，47（s2）：221-226.

［18］孙剑. 高层住宅预制装配式混凝土结构应用［J］. 施工技术，2011，40（12）.